科技是国家强盛之基
创新是民族进步之魂

百年科技强国路

为庆祝中国共产党成立100周年献礼

名誉主编◎钟　山
主　　编◎刘树勇
编　者◎王　颖
　　　　王洪见
　　　　刘树勇

河北出版传媒集团
河北科学技术出版社
·石家庄·

图书在版编目（CIP）数据

百年科技强国路 / 刘树勇主编. -- 石家庄：河北科学技术出版社，2021.6（2023.3重印）
 ISBN 978-7-5717-0739-2

Ⅰ. ①百… Ⅱ. ①刘… Ⅲ. ①科技发展－发展战略－研究－中国 Ⅳ. ①G322

中国版本图书馆CIP数据核字(2021)第070631号

百年科技强国路
Bainian Keji Qiangguo Lu

刘树勇　主编

出版：	河北出版传媒集团　河北科学技术出版社
地址：	石家庄市友谊北大街330号（邮编：050061）
经销：	新华书店
印刷：	河北万卷印刷有限公司
开本：	710毫米×1000毫米　1/16
印张：	22
字数：	350 000
版次：	2021年6月第1版
印次：	2023年3月第2次印刷
定价：	98.00元

版权所有　侵权必究

前言

科技是国家强盛之基，创新是民族进步之魂。中华民族从来都不缺乏智慧和创新精神，也不缺乏使之转化为科学技术所必需的勤劳和坚韧。

历史的转折，往往再回首才能看得更清晰。近代以来，我国曾几次与科技革命失之交臂。自19世纪中叶始，清王朝实行闭关锁国政策，中西文明交流互鉴日渐式微。西方国家因科技革命而异军突起，殖民主义者用炮舰打开了中国的大门，我国从此变成任人欺凌的半殖民地半封建国家，同时也被动进入近代化的进程。

百年来，中国社会沧桑巨变，科技发展日新月异。新文化运动以后，一些先进的知识分子吸收并大力传播马克思主义。中国共产党的建立也是社会主义运动先驱的自觉意识和作为，肩负救国救民的伟大使命，促进了中国新民主主义革命的不断发展。科技的作用，在"科玄之争"时得到一定的阐发、传播，并在三次国内革命战争和抗日战争时期的战争环境中和民主政权的建设中发挥着作用。在新民主主义革命的进程中所积累的经验和制定的科技政策和路线，也为后来的社会主义建设提供了借鉴。

百年来，中国社会沧桑巨变，科技发展日新月异。新中国成立后，一直把发展科技文教事业放在重要的位置，确立了"有组织、有计划地开展人民科学工作"的基本方针，这个方针不仅具有马克思主义科学观的内涵，也是处于落后地位、缺乏人力物力等科技资源的状况下发展科学技术道路的选择。20世纪50年代至60年代，我国科技工作者先后研制成功"两弹一星"，成功合成胰岛素，取得制造万吨水压机等大型工业设备的成功，为最终建立起较为完备的社会主义工业体系打下了基础。特别是我国第一个科技远景规划《1956—1967年科学技术发展远景规划》，采取了"以任务为经，以学科为纬，以任务带学科"的制定规划的基本原则，集中配置科技资源，使科技的应用研究快速发展，并为基础研究打下了坚实的基础。

1978年，全国科学大会宣告"科学的春天"的到来，重新确立了包括实现"四个现代化"及更加长远目标的科技发展规划，加快推进科技体制改革，为科技发展开辟了更加广阔的空间。改革开放以来，全社会进一步解放思想，实事求是的思想路线解放了社会主义生产力，科学技术是第一生产力的内涵得到充分诠释，中国的各项事业萌发了勃勃生机，促进了经济社会、文化教育以及其他各行各业的全面发展。

中华民族伟大复兴绝不是轻轻松松就能实现的。新形势下，长期以来主要依靠资源、资本、劳动力等要素投入支撑经济增长和规模扩张的方式已不可持续，我国的发展正面临着动力转换、方式转变、结构调整的艰巨任务，需要科技的强有力的支撑，需要依靠更多更好的科技创新为经济发展注入新动力。面对激烈的国际竞争，习近平总书记指出："抓科技创新，不能等待观望，不可亦步亦趋，当有只争朝夕的劲头。"抓住了科技创新就抓住了牵动我国发展全局的牛鼻子，我们要在全社会营造崇尚科学、尊重创新的良好环境，夯实科技基础，强化战略导向，加强科技供给，弘扬创新精神，走出一条中国特色的自主创新之路。

从"向科学进军"到"迎来科学的春天"，从"占有一席之地"到"成为具有重要影响力的科技大国"，从"天眼"探空到"蛟龙"探海，从页岩气勘探到量子计算机研发，深空、深海、深地、深蓝，中国科技突破全方位出现，一批"叫得响、数得着"的科技成果惊艳全球。我国科技事业取得历史性成就，发生历史性变革，科技实力正在从量的积累迈向质的飞跃，从点的突破迈向系统能力提升。我们要坚定不移走中国特色自主创新道路，坚持面向世界科技前沿，面向经济主战场,面向国家重大需求,面向人民生命健康,加快解决制约科技创新发展的一些关键问题,以"科技梦"助推"中国梦",建设富强民主文明和谐美丽的社会主义现代化强国。

编　者

2021年1月

目录

第一章 绪论——百年的辉煌
一、中国共产党对科技作用的认识 / 1
二、社会主义科技教育体制与留学活动 / 6
三、社会主义的科技成就 / 14

第二章 苏区科学技术的发展
一、中央苏区的发展 / 20
二、闽浙赣苏区的发展 / 34

第三章 边区科学技术的发展
一、陕甘宁边区和晋察冀边区 / 49
二、科技文化团体 / 51
三、兴办科技教育 / 63
四、引进科技人才 / 69
五、科学技术的发展 / 83

第四章 新中国成立初期的科普工作
一、"科代会"和"全国科普" / 94
二、科普活动 / 98
三、科普出版与科教电影和广播 / 102
四、科技场馆建设 / 105

第五章 科学的奠基
一、物理学、天文学与数学 / 112
二、化学化工 / 125
三、地学与环境科学 / 129

第六章 技术研发与工程建设
一、工业 / 136
二、农业 / 147
三、医学与医疗 / 150
四、交通技术 / 155

第七章　国防建设成就

一、导弹 / 168
二、原子弹和氢弹 / 171
三、核潜艇 / 178
四、人造卫星和卫星通信地球站 / 181

第八章　基础科学的研究与进展

一、物理学和天文学 / 186
二、地学与环境科学 / 198
三、文化建设的风采 / 210

第九章　应用技术与工程成就

一、工业技术 / 220
二、交通技术 / 232
三、农业技术 / 248
四、健身与医疗 / 253
五、国防尖端技术 / 255

第十章　高新技术的辉煌

一、863计划 / 265
二、新能源技术 / 267
三、信息技术 / 275
四、新材料技术 / 285
五、生物技术 / 288
六、人工智能技术 / 293
七、海洋技术 / 295
八、航天技术 / 303

第十一章　科技战略与规划

一、十二年科技规划 / 326
二、十年规划、八年规划和十五年科学规划 / 328
三、科学大会与科教兴国战略和创新型国家建设 / 330

第十二章　结语——自主创新，振兴科技

一、坚持可持续发展的道路 / 336
二、坚持自主科技创新的道路 / 338

第一章
绪论——百年的辉煌

辛亥革命之后，新文化运动（包括文学革命、观念更新和科学启蒙）兴起，无产阶级革命家陈独秀等人出版《青年》（后来更名为《新青年》）杂志，大力宣传科学与民主的观念，以积极进取的革命精神驱除腐朽没落的封建文化。20世纪20年代，思想界发生了以丁文江（1887—1936）为首的科学派与以张君劢（1887—1969）为首的玄学派之间展开的"科学与人生观"（或"科学与玄学"）的论争，大大促进了中国人科学文化意识的养成。陈独秀与邓中夏也参加了讨论，并借此大力宣扬马克思主义。

一、中国共产党对科技作用的认识

科学技术大大加深了人类对于自然的认识，提高了对于自然资源利用的能力，也增强了人类改造自然的信心，随着科学与技术的发展，科学与技术的联系更加密切。在科技发展的过程中，人们看到的最明显的成果就是对人类生活的改变，并享用科技带来的益处。科技发展是社会进步的标志。

早在19世纪下半叶，马克思就把科学视为"最高意义上的革命力量"，而恩格斯在纪念马克思的悼词中也讲道："在马克思看来，科学是一种在历史上起推动作用的、革命的力量。任何一门理论科学中的每一个新发现——它的实际应用也许还根本无法预见——都使马克思感到衷心喜悦，而当他看到那种对工业、对一般历史发展立即产生革命性影响的发现的时候，他的喜悦就非同寻常了。"可见，马克思和恩格斯对于科技的应用以及科技对工业化进程的作用，是有着深刻的认识的。

中国共产党早在解放区建设中就一直很重视科学技术，科学技术在新民主主义革命时期也确实发挥了重要的作用。在建设解放区的进程中，中国共产党建立科研机构，开展科技工作，将科学技术与生产实际紧密结合，开办学校，创办报刊，普及科技知识，依靠科学技术为农业、工业、教育、医疗卫生等事业发展提供技术支持和人才供给。在革命战争的残酷年代，毛泽东同志依然决定在延安成立自然科学研究院，"提倡自然科学"。经毛泽东同志发起，成立了陕甘宁边区自然科学研究会。在会上，毛泽东、陈云等中共领导人发表了演讲，毛泽东同志在发言中指出："自然科学是很好的东西，它能解决衣、食、住、行等生活问题，每一个人都要赞成它，每一个人都要研究自然科学。"毛泽东还说，"自然科

延安自然科学院

学是人们争取自由的一种武装，人们为着要在社会上得到自由，就要用社会科学来了解社会，改造社会，进行社会革命。"毛泽东这次演讲对自然与社会、科学与自由、自然科学与自然哲学这些重要的问题都做了阐述。

以陕甘宁边区和晋察冀边区为例，在边区建设之时，中国共产党在自然科学教育上已形成了一定的规模，并大力普及科学思想，反对迷信活动，而延安自然科学运动也为新中国科技事业发展提供了宝贵经验。由此可见，中国共产党在承担起革命战争重任的同时，根据实际情况，初步建立起了一套科技发展的体制。面对着华北的强敌，晋察冀边区更加重视科技事业的建设，实现了经济的自给自足，提高了军队的战斗力，稳固了党的领导地位。在科学家们的艰苦努力下，晋察冀边区建成了一个在战时较为适宜的军工体系，使边区能够进行一定规模的工业生产，有力地支援了抗日战争。

从解放区科技工作的发展来看，党的领导是解放区科技发展的重要保证。科技工作者的人生目标，与民族解放的社会发展的目标是一致的，这也是解放区科技发展的重要因素。解放区相对宽松的政治和文化环境以及一定的激励机制，使科技人员能更加积极地从事科学研究和教学，并体现出科技人员的价值。党和边区政府还大力培养科技后备人才，使一些优秀青年学生成为共和国的专家和骨干或各级党政领导干部，如恽子强（延安自然科学院副院长）、武衡（边区自然科学研究会发起人之一）和李强（延安自然科学院第三任院长）在新中国当选为中国科学院第一届学部委员。沈鸿、吴运铎、乐天宇、陈凤桐、成仿吾这些干部保持着延安的革命传统和优良作风，为新中国科技事业的发展做出重要的贡献。

解放区一直重视科学技术的发展，与毛泽东同志的关心是分不开的。正如党史专家龚育之所言，不能说毛泽东是一个自然科学素养很高的人，对于不少自然科学的话题，毛泽东也常常是从哲学的角度加以诠释，但是对于自然科学的重要性，毛泽东的认识还是非常清醒的。

在新中国发展的历程中，1978年的全国科学大会是个重要"节点"。十一届三中全会之后，中国做出了类似于20世纪50年代的判断[1]，中国社会主义进程中存在的主要矛盾仍是"人民对于经

---

[1] 中国共产党的第八次全国代表大会政治报告提出，我国国内主要矛盾是先进的社会主义制度与落后的社会生产力之间的矛盾的观点。

济文化迅速发展的需要同当前经济文化不能满足人民需要的状况之间的矛盾"。这一矛盾在20世纪70年代至80年代依然存在，甚至更加突出。为此重提周恩来总理在三届人大政府工作报告中提出的国家发展战略，即"四个现代化"的发展目标。为了实现这样的目标，在科学大会上，邓小平提出了"科学技术是生产力"的重要思想。结合中国的现实情况和实现四个现代化的紧迫性，在1988年，邓小平又强化了这一观点，强调"科学技术是第一生产力"。随着改革开放的不断深入，不断总结和解决经济发展中出现的新问题，不断吸收和借鉴发展中的经验与教训，大大推进着中国特色社会主义的建设事业。特别是在进入21世纪之后，中国共产党更加强调并不断增强自主创新，建设资源节约型和环境友好型的社会。同时，大力普及科学知识、科学方法和科学思想，大力弘扬科学精神，全面提

1978年全国科学大会会场

高国民的科学素质,提高国民的文明水平,推进决策的民主化和科学化。

二、社会主义科技教育体制与留学活动

抗日战争爆发后,中国科技事业遭到极大的破坏,但从科技体制的发展看,当时的国统区仍然施行着英美模式,日占区流行殖民模式,而边区或解放区则引入苏联模式,开始推行马克思主义的科技思想。中国共产党取得政权之后,沿袭了解放区的苏联模式,推动中国科技事业的发展。为了建设社会主义的政治制度以及相应的马克思主义意识形态,国家的研究体制也要从欧美流行的自由探索的研究体制,改变为苏联的规划科学的模式。这大致体现在三个方面,即参照苏联科学院来建设中国科学院,仿照苏联高等院校进行院系调整,接受苏联援建的重点工程,以实现中国的工业化。

在中华人民共和国成立之前,中国的教育是比较落后的。1949年,全国学龄儿童入学率只有20%,相当于日本1890年的水平;文盲率达80%以上,而15岁以上的人口中平均受教育年限只相当于日本明治维新之前的水平,低于英国和美国1820年的水平。1949年全国共有高等院校205所,在校大学生11万人,平均每万人口有2.2名大学生;1947年,中国的研究生为424人,平均每百万人口不到1名研究生。知识分子总数约200万人,占全国总人口的0.37%。新中国的建设与发展,需要苏联的支持。1948年8月,中共领导人刘少奇访问苏联归来时,便有220名苏联顾问和专家同车来华,由此时到 1960 年（苏联专家撤回国之前），苏联援华专家共有 1.8 万人次。新中国注重培养科技人才，国家也扩建和新建了一批高等院校，并形成了基础研究、应用研究和工程技术研究配套的科研体系。这些措施大体上满足了国家对于各种人才的需求。

早在第一次世界大战后，赴法勤工俭学的留学生，许多人是为了探求救国的真理而去的，如周恩来、邓小平、李富春、蔡和森、聂荣臻等。他们对西方科学技术的体验和认知对 20 世纪 50 年代的大规模留学活动是有一些影响的。① 为了建设社会主义，1948 年以前，已有 40 余人在苏联学习。1948 年 8 月，从中共中央东北局派出留学苏联的学生 21 人。刘少奇在访问苏联时向苏联政府提出中国人留学苏联学习的请求。此后便开始向苏联派遣留学生，从 1951 年到 1960 年共 8200 人。为此中央设立由聂荣臻、李富春和陆定一组成的中央留学生领导小组。但 60 年代向苏联派出留学生的工作中止，从 70 年代开始向西方派出留学生，特别是改革开放以后，国家开始大规模地派出留学生。1978 年 6 月，邓小平在听取清华大学选派留学生的汇报时明确指出，要向国外选派留学生并不断增大搞自然科学的数量。为了组织好赴美留学工作，1979 年，华裔学者李政道建议、并由中国科学技术大学组织实施了"中美合作培养物理研究生项目"（简称为 CUSPEA），第二年又组织"中美生物化学和分子生物学研究生项目"（简称

---

① 1983 年，中共中央批准在保定育德中学旧地修建留法勤工俭学运动纪念馆。

为 CUSBMBEA）。截至 2017 年，中国向国外派出留学生超过了 60 万人。

留法勤工俭学运动纪念馆

中国科学院是国家建立的最大的科学研究组织，也是国家的最高科研机构。中国科学院在接收了"中央研究院"和北平研究院之后组建了 20 个研究机构。科学院还建立了专门委员制度，1955 年，经过充分酝酿和民主推选，科学院成立了 4 个学部，即物理学数学化学部、生物学地学部、技术科学部和哲学社会科学部。第一批学部委员共 233 人。1956 年 7 月，物理学数学化学部更名为数学物理学化学部。1957 年 5 月，中国科学院将生物学地学部分为生物学部和地学部。1960 年后，哲学社会科学部划归中共中央宣传部领导。1980 年 8 月，数学物理学化学部分为数学物理学部和化学部。1994 年，科学院又建立了院士制度。1994 年 6 月，中国工程院在北京成立，同时设立院士制度。中国科学院和中国工程院院士每两年增选一次。

〔說明〕(1)院長綜理全院行政，由副院長襄助一切。

(2)評議會：評議會除院長副院長、各處處長各研究機構首長為當然評議員外，得聘請國內科學界有代表性之人士若干人組織之。評議員之聘定必需照顧地區學科年齡等方面而作適當之配合。

評議會之主要任務為：(A)提供全國性科學研究計劃(B)審核科學院年度工作報告。(C)審核全國科學創作著作及發明。

(3)院務會議：在院長副院長領導下為全院行政最高機構，主要任務不僅在於領導全院工作，其下所設各處，均為負責計劃並執行共全國科學研究有關工作之機構，此等工作為近年來全國科學界所熱望於政府能作通盤籌劃一貫執行者。同時，新擬人民科學院和舊的國家研究機構之所以不同，亦在乎此等新機構之設立，真正能對全國科學研

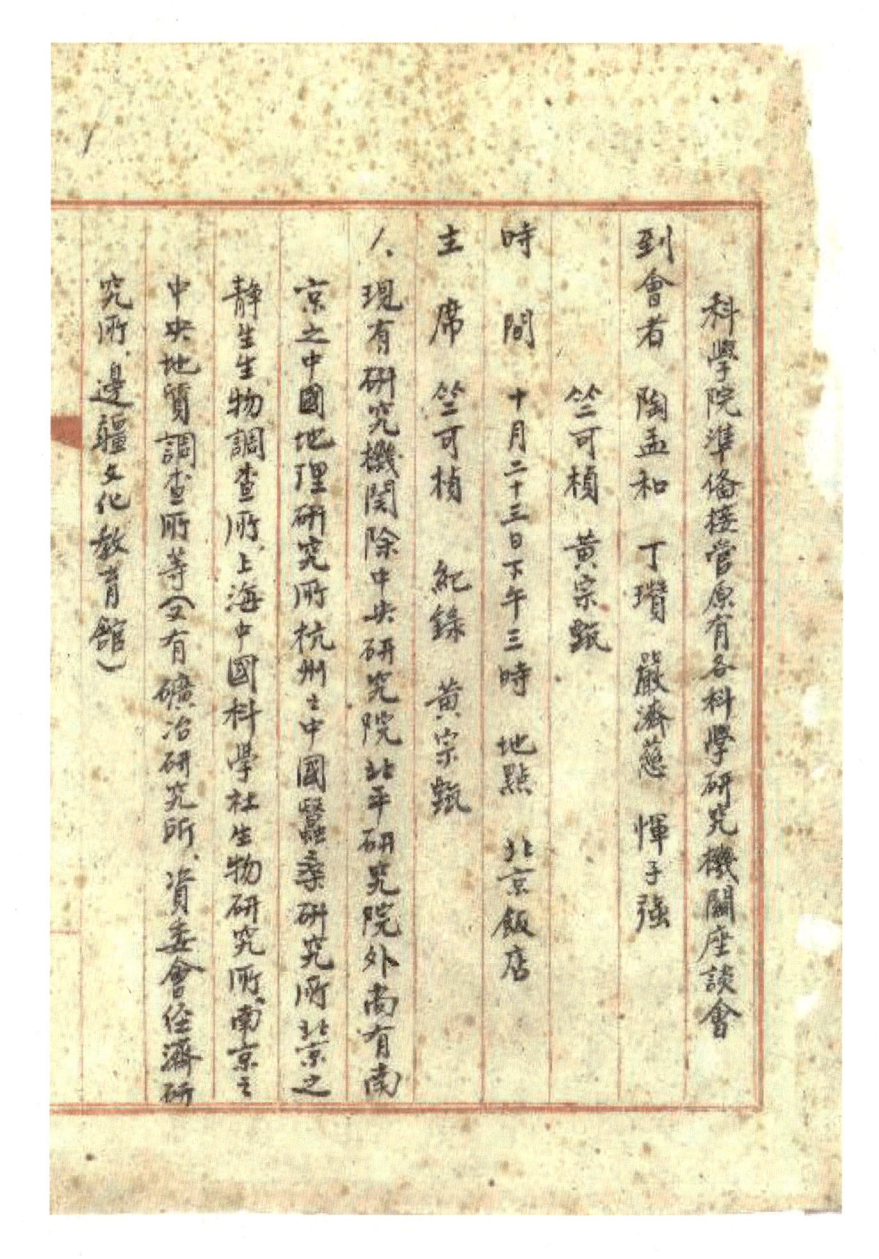

科学院接管原有各科学研究机关座谈会

到会者　陶孟和　丁瓒　严济慈　恽子强
　　　　竺可桢　黄宗甄
时间　十月二十三日下午三时　地点　北京饭店
主席　竺可桢　纪录　黄宗甄

一、现有研究机关除中央研究院、北平研究院外尚有南京之中国地理研究所、杭州之中国蚕桑研究所、北京之静生生物调查所、上海中国科学社生物研究所、南京之中央地质调查所等（全有矿冶研究所、资委会经济研究所、边疆文化教育馆）。

科学院接管原有各科研机关座谈会纪要

毛泽东为军队学习和掌握科学技术，提升科技水平，形成学科学、爱科学、用科学的浓厚氛围，倾注了许多心血。1953年8月，毛泽东在给军事工程学院的训词中明确提出："今天我们迫切需要的，就是要有大批能够掌握和驾驭技术的人，并使我们的技术能够得到不断的改善和进步。"毛泽东认为，只有掌握科学技术，军队才能走向现代化，才能形成新的战斗力。他明确要求部队要加强原子能方面的理论研究，要发展现代化的国防力量，特别是要发展尖端科学技术。

从1952年开始的院系调整，重点在华北和华东地区，新调整的高等院校为了满足国家建设的需求共设置了252个专业，并把民国时期欧美的通才教育转变为专业教育。在实行第一个五年计划时期，国家把科研、科技教育与国民经济的发展都纳入计划之中，为中国科技的发展创造了有利的条件并加快了其发展的速度。到1955年，全国科研机构达380个，高等院校达229所，专门研究人员9000人，从事科研、工程技术、文教卫生的知识分子超过了10万人。从高校招生数看，1949年为3万人，1952年为7.9万人，1956年上升到18万人。1949年工科生约占大学生人数的20%，1952年占35%，1956年占37%。

1950年8月，中国科学工作者协会、中国科学社、中国自然科学社和东北自然科学研究会在北京召开全国第一次自然科学工作者代表会议。经过充分的讨论和协调，成立了中华全国自然科学专门学会联合会（简称"全国科联"）和中华全国科学技术普及协会（简称"全国科普"）。这样，中国初步建立了一支以中国科学院为主要力量的科学研究队伍，并初步形成了由中国科学院、高等院校、产业部门和地方机构相互协调的科学技术体系。这样的科技体系适应了国家的发展，促进了中国社会和经济的发展。作为一种普遍的意识，中国科学家有责任为祖国的科学事业贡献力量，以新的风范投身到社会主义建设之中，改变中国科技落后的状态。

周恩来在新中国成立初期就强调了必须着重实现国家工业化的问题。1953年9月，他在一次政协党委会上指出："不实现工业化和经济改造，我们的国家就不能完全独立，就不能持久，就不能避免遭受挫折。"20世纪50年代，中国开始进行大规模社会主义建设。1956年9月，中国共产党第八次全国代表大会召开。周恩来在党的八大上所做的报告提出了"建成一个基本上完整的工业体系"的建设方针，这一方针为党的八大所确定。中国要迅速实现中国的工业化，进而建立现代化的工业、农业、交通运输和国防。为此，要大力促进中国的科技与文化的进步，要达到世界的先进水平。早在1954年制定第一个五年经济计划时，周恩来总理认为，科学研究不能只为促进科学技术的发展，应该面向国民经济发展和国家现代化的任务。为此，确定了一些"紧急项目"，如喷气技术、核技术、半导体技术、计算机、电子学和自动化等项目。进而，周恩来总理还提出："由于电子学和其他科学的进步而产生的电子自动控制机器，已经可以开始有条件地代替一部分特定

全国第一次自然科学工作者代表会议

的脑力劳动，就像其他机器代替体力劳动一样，从而大大提高了自动化技术的水平。这些最新的成就，使人类面临着一个新的科学技术和工业革命的前夕。"当时建立了集约化的科研管理体制，中国科学院的工作重点和方向主要与国家经济建设相关，对于数学和物理学的研究部门来说，应为相关的重大科学问题准备条件。在国家规划的 16 个项目中，科学院相应地确定了重点发展的 16 个学科，其中包括原子核物理学、无线电电子学、半导体物理学等。同时，中国科技大学设置了一些相关的专业，为这些学科培养专门的人才。中国科学院与国家的一些工业和国防部门合作，在导弹、原子弹、氢弹和人造地球卫星研制工作中、在半导体和电子计算机等高新技术发展中、在各种新材料的开发中发挥了重大作用。

中国共产党也一直高度重视中医药事业，并把保护、传承和发展

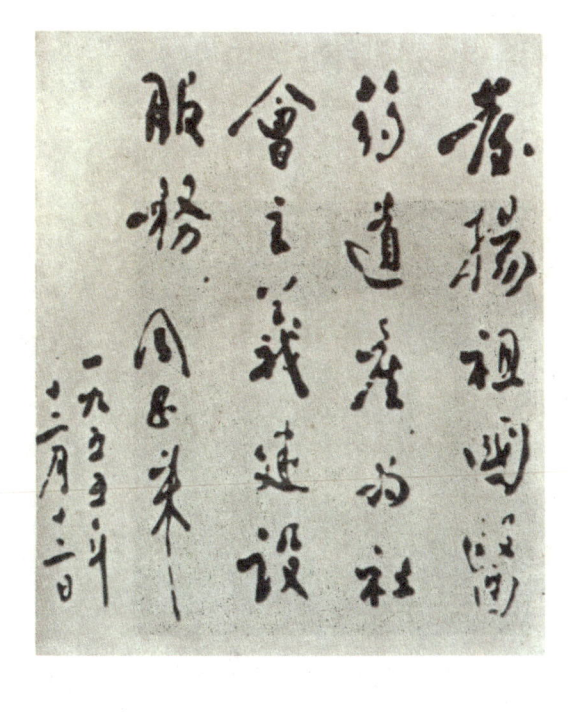

周恩来为新成立的中医研究院题词

传统中医药作为社会主义事业的重要组成部分，坚持不懈地推动中医药的发展，保障人民群众生命健康安全。

三、社会主义的科技成就

在新中国的发展历程中，中国科技人员先后研制成功电子管计算机（1958）、晶体管（1959）、原子弹（1964）、氢弹（1967）、晶体管计算机（1965）、集成电路计算机（1970）和人造地球卫星（1970）等。1992年，邓小平讲："我要感谢科技工作者为国家做出的贡献和争得的荣誉。大家要记住那个年代，钱学森、李四光、钱三强那一批老科学家，在那么困难的条件下，把两弹一星和好多高科技搞起来。"

我国从1957年开始研制通用数字电子计算机，1958年8月1日该机可以表演短程序运行，标志着我国第一台电子计算机诞生。

我国第一颗氢弹爆炸成功

为纪念这个日子，该机定名为八一型数字电子计算机。该机在 738 厂开始小量生产，改名为 103 型计算机（即 DJS-1 型），共生产 38 台。1958 年 5 月，我国开始了第一台大型通用电子计算机（104 机）的研制。以苏联当时正在研制的 БЭСМ-II 计算机为蓝本，在苏联专家的指导帮助下，中科院计算所、四机部、七机部和部队的科研人员与 738 厂密切配合，于 1959 年国庆节前完成了研制任务。1963 年，中国第一台大型晶体管电子计算机研制成功。

新中国的工程建设成就是最为引人注目的，如架设在长江、黄河和一些海湾上的大型桥梁体现着科学技术的力量。南京

钱学森

长江大桥是华东地区、江苏境内衔接沪宁、津浦两条铁路干线的特大桥梁,是长江上第一座由中国自行设计和建造的双层式铁路、公路两用桥梁,是中国桥梁建设的重要里程碑,具有极大的经济意义、政治意义和战略意义,更是一道展示中国人"自力更生"精神的风景。在国防技术的研发中,当以"两弹一星"的工程成就为代表。这些成就,不只增强了国力,强化了国防技术的基础,为国民经济的发展发挥了重要的作用,也从工程实践与研发的角度为科技发展提供了丰富的经验。随着国民经济的不断发展,我国制造飞机、舰船、大型装备的水平不断提高,例如石油平台、重型火箭、高速铁路、各式桥梁、水下探测技术、核能技术、中国"天眼"、神舟工程、巨型船舶。我国的科技成果,以"超级稻"的成就最为突出,深潜技术、核能的利用也达到世界先进水平等。正如习近平总书记指出:"多复变函数论、陆相成油理论、人工合成牛胰岛素等成就,高温超导、中微子物理、量子反常霍尔效应、纳米科技、干细胞研究、肿瘤早期诊断标志物、人类基因组测序等基础科学突破,'两弹一星'、超级杂交水稻、汉字激光照排、高性能计算机、三峡工程、载人航天、探月工程、移动通信、量子通信、北斗导航、载人深潜、高速铁路、航空母舰等工程技术成果,为我国成为一个有世界影响的大国奠定了重要基础。从总体上看,我国在主要科技领域和方向上实现了邓小平同志提出的'占有一席之地'的战略目标,正处在跨越发展的关键时期。"这些成就真切地体现着科技对社会进步的推动作用,C919创造了新的"中国高度","复兴号"疾驰出"中国速度","北斗"展示了"中国精度","潜龙"成就了"中国深度"。

中国的基础研究在若干重要领域取得了显著的成果。

上　人工全合成牛胰岛素获得成功

下　汉字激光照排系统

C919 大型客机

非线性光学晶体、量子信息研究居国际前列；纳米材料和纳米结构、蛋白质结构与功能、脑与认知、物质的分子工程学、古生物学、海洋科学等领域取得系列创新成果，整体研究水平显著提高，在国际上产生了较大的影响；数学机械化、辛几何算法等方面保持中国特色和优势。特别是在纳米科学、量子信息、生命科学等前沿领域取得一批原创性的新成果，在国际上产生了一定的影响。

在新中国的历史上曾经出现过三张外交"名片"，即"乒乓外交""熊猫外交"和"高铁外交"。如果说，"乒乓外交"和"熊猫外交"的"名片"是象征性的，那么高铁——还有核能（技术）——"名片"则是实质性的；高铁"名片"还推进着实质性的国际合作，

复兴号高铁

更体现出现实的价值。以中国自主研发的技术为标志，中国正在从"中国制造"迈向"中国创造"。实施高铁走出去，助力"一带一路"的发展，助力世界共同发展。这些"名片"都有助中国社会的和谐发展，也有助于世界的和谐发展。而高铁能够成为中国的"名片"，反映出引进、消化和吸收的研发之路的重要性。

第一章 绪论——百年的辉煌

第二章
苏区科学技术的发展

在土地革命战争时期,中国共产党创建了采用"苏维埃政权"组织形式的地区(简称"苏区")。为了打破国民党的军事"围剿"和经济封锁,满足群众生产和生活的需要,苏维埃政府一直非常重视科学普及的工作,发展文化教育事业,保障经济的发展,促进和提高民众科学文化的水平,还先后建立了厂矿和兵工厂,对苏区的各项事业产生了促进的作用。本章以中央苏区和闽浙赣苏区为例,回顾苏区革命事业的发展。

一、中央苏区的发展

中央苏区的经济非常落后,文盲众多,朱德曾形容该地区是"自然科学的光辉从未照临过的荒土"。为此,苏区政府大力开展科学普及活动，使科技知识落到实处。苏区政府在加强政权建设和经济建设的同时，积极发展文化教育事业，提高民众的文化水平。

1. 中央苏区概况

1927—1928年，中国共产党领导武装起义，开创了赣南和闽西根据地，建立了地方工农武装，奠定了中央苏区的基础。1929年1月，毛泽东和朱德率领中国工农红军第四军转战赣南和闽西地区，与当地的工农武装一起实行红色割据，并逐步形成了中央苏区的革命根据地。

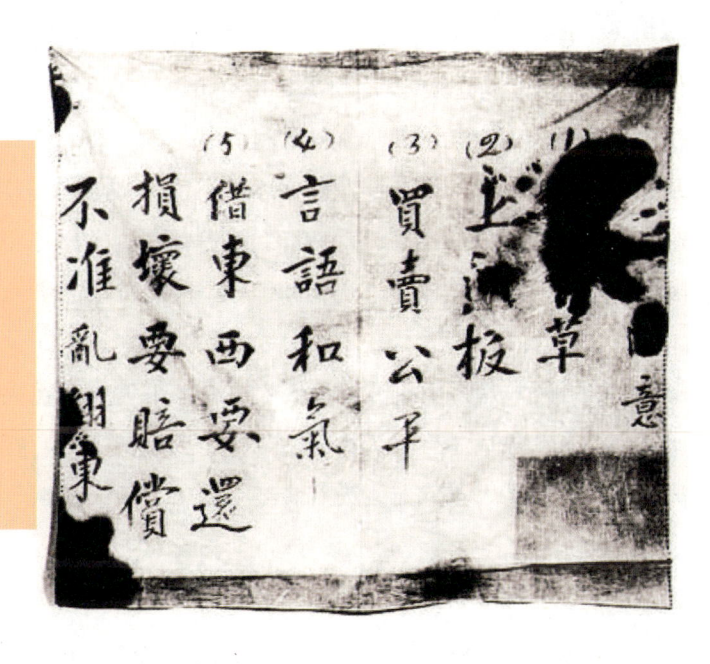

红军战士包袱上的「六项注意」

位于江西兴国的中央红军兵工厂旧址

　　1930年，成立了以毛泽东为书记的前敌委员会来统一领导土地革命和武装斗争。8月，红一军团与红三军团组建红军第一方面军，朱德任总司令，毛泽东任总政治委员。1931年11月，中华工农兵苏维埃第一次全国代表大会在江西瑞金叶坪村召开。在大会上成立了中华苏维埃共和国临时中央政府，毛泽东任主席；组建中华苏维埃共和国中央革命军事委员会，朱德任主席，王稼祥和彭德怀任副主席。中华苏维埃共和国临时中央政府设在瑞金，统辖和领导全国苏维埃区域的工作。

　　1931年10月，中华苏维埃中央革命军事委员会在兴国县兴莲乡官田村创办了中央兵工厂，为苏区内第一个大型兵工厂。在兴国期间，该厂修配和制造了大批武器，为武装红军做出了重大贡献。

　　在苏区，军事部门十分重视行政区划地图和军用地图的印制，虽然地图尚存在比例不准和测绘基础较差的问题,但是对于苏区建设和教学,特别是对于部队的作战、移防以及训练工作都发挥了重要作用。1932年,中央苏维埃政府教育人民委员会印制了《世界地图》《中国地图》和《瑞金地图》等。中央政府还印制了《干路图》《鄂豫皖省、鄂赣边区、鄂西区、湘鄂西省苏区图》《中央苏区、湘赣东区、赣皖苏区图》等,中革军委总司令部印制了《地形图》。这些地图在苏区发展中都发挥了应有的作用。

1931年上半年,在会昌县筠门岭芙蓉寨建立了红三十五军(10月改编为红独立三师)后方医院。由于当时筠门岭局势不稳定,1932年7月,医院迁驻会昌山的半山寺。1933年4月成立粤赣军区后,改为粤赣军区医院。

粤赣军区医院旧址

1934年，中央苏区第五次反"围剿"激战阶段，半山寺住满了伤病员，其余的被安排在六祖寺、县城许家祠等处，医务人员日夜巡回于几处为伤病员治疗。粤赣军区医院从建立到随中央红军长征期间，热心地为红军和地方群众治病疗伤，深得战士和群众的赞誉。在短短三年多的时间里，治愈病人数千人，为巩固和保卫中央苏区做出了不可磨灭的贡献。

到1933年秋，中央苏区辖有江西、福建、闽赣、粤赣4个省级苏维埃政权，拥有60个行政县，总面积约8.4万平方千米，总人口达

中央红军长征出发纪念馆

453万,红军和苏区发展达到鼎盛时期。但是,"左倾"的错误路线给苏区带来严重危害。1934年10月中旬,中央党政军领导机关和红军主力被迫撤离中央苏区,开始长征。此后,新组建的中央分局和中央军区由项英和陈毅领导坚持游击战争。1937年,全面抗日战争爆发后,红军游击队改编为新四军,开赴抗日战场。

2. 文教事业的发展

1931年11月,在中华苏维埃共和国临时中央政府成立大会上通过了《中华苏维埃共和国宪法大纲》(简称为《宪法大纲》)。对于文化教育,《宪法大纲》规定:"中华苏维埃政权以保证工农劳苦民众有受教育的权利为目的。在进行国内革命战争所能做到的范围内,应开始施行完全免费的普及教育,首先应在青年劳动群众中施行并保障青年劳动群众的一切权利,积极地引导他们参加政治和文化的革命生活,以发展新的社会力量。"1933年9月,张闻天强调:"不站在马克思列宁主义的立场上来提高工农群众的文化程度和政治水平,使他们能够运用各种科学、技术及管理的工具,苏维埃社会的建设是不可能的。"为了发展苏区的文化教育事业,在临时中央政府人民委员会教育部下设社会教育局,并在所辖地区设立各级社会教育单位,负责指导和调查工作,为开展科普工作提供了保障。为此,从1932年开始,中央苏区先后创办瑞金列宁师范学校、中央列宁师范学校、列宁团校、职工运动高级训练班、中央农业学校、高尔基戏剧学校等,培养各类人才,以满足苏区建设的需要。此外还创办了夜校、半日学校、补习学校、识字班等,还采取了设立识字牌、创办报刊、演戏等措施。当时苏区的教育活动大致可分为针对少年儿童的学校义务教育，针对成人的以扫盲识字为主的社会教育和针对党政军群工作人员的干部教育。毛泽东在第二次全国苏维埃代表大会的报告中高度赞扬了苏区的文化建设："谁要是跑到我们苏区来看一看，那他就立刻看见这里是一个自由的光明新天地。这里的一切文化教育机关是操在工农劳苦群众的手里，工农及其子女有享受教育的优先权。苏维埃政府用一切方法来提高工农的文化水平，为了这个目的，给予群众以政治上与物资条件上的一切可能的帮助。"提高工农群众文化水平有助于科技知识的普及工作。

教育是文化的传播手段和方式，是文化建设的重要组成部分，在苏区文化建设中占有显要的地位。各级苏区教育部门也都十分重视教育工作，重视编写各类教材，出版了算术、地理、自然和生物等学科的课本，以满足各类学校之需。中央苏区教育人民委员会曾编写了《算术常识》《算数常识》《理化学教程》《地理纲要》《化学常识》《地理常识》《理化常识》《竞争游戏》《少队游戏》和《各种赤色体育规则　田径赛训练法　柔软体操》。此外还出版了《心算教授法》《算术教学法》《生理卫生教授大纲》《小学讲授法》《列小算术教学法》，等等。这些对于扫盲工作、提高文化水平、提高教育工作者的教学水平，都是非常有益的。对于教育工作的重视，还表现在向少年儿童灌输革命道理并与文化教育工作结合起来。特别是针对儿童所编写的图书要考虑到少年儿童的心理特点，书册图文并茂，以吸引少年儿童，引起兴趣。例如，《红色小学校儿童读本》《工农学校读本》《看图识字卡》《地

徐特立

理纲要》《工农兵三字经》。1934年，中央教育人民委员会编译局印行了徐特立编写的《农业常识》（上、下），还有徐特立与刘函玉主编的《自然常识》，以及中央农业学校编写的《防治虫害病害》和中央土地部农业学校编写的《植棉指南》，等等。

中央苏区政府部门和军事部门都十分重视教育工作，借此普及科学知识，并且对于编写教材，提出较为具体的要求，如使用"最通俗的日常谈话语句"，把文化知识深入到"文化水平较低的群众之中"，通过科学文化知识的学习让民众和官兵养成良好的生活方式，培养科学的精神。这些宣传教育工作，使民众的疾病减少，保持良好的健康状态，官兵的非战斗减员也大大减少，保证在反围剿战斗中能发挥出更强的战斗力。

中央出版局、中央教育人民委员会编译局、艺术局、工农剧社编审委员会、中央军事政治学校编审出版科和中国工农红军大学出版科等单位也出版科普书刊，达上百种，如《农业常识》《自然知识》《科学常识》《旧式武器使用法》《植棉经验说明》《优良选种法》《如何种植树木》《牲畜疾病防治》《养牛须知》，等等。

1931年11月上旬，红色中华新闻台在瑞金叶坪成立，这是赤色中国的第一个无线广播电台。电台所用的机器则是红军从第二次反"围剿"战场上缴获的

右　六安县（现六安市）苏维埃俱乐部旧址

左　中华苏维埃共和国宪法大纲

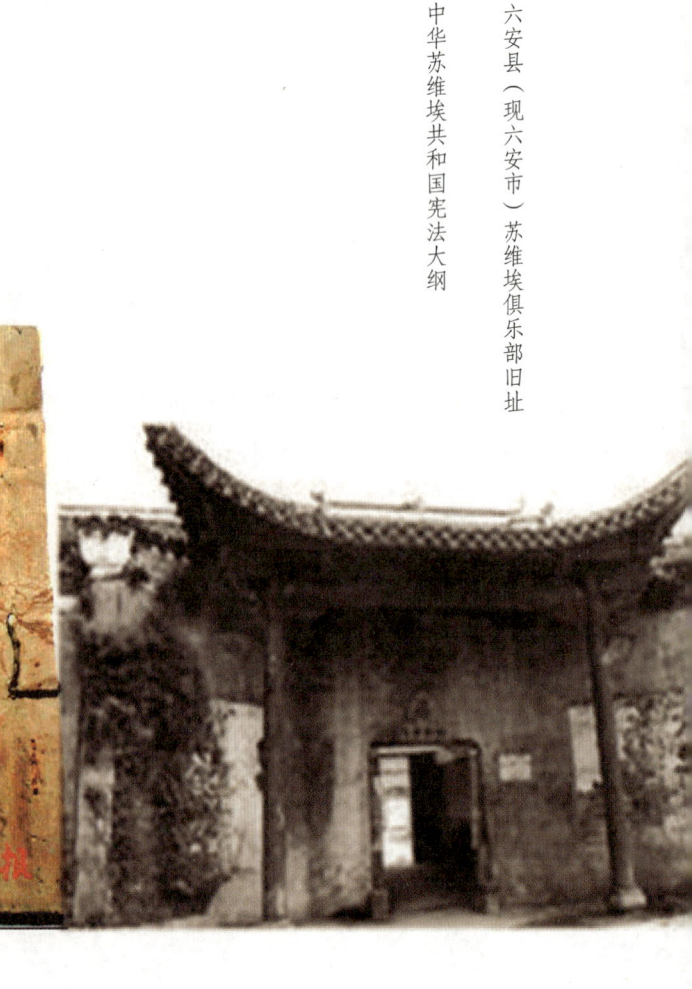

金寨县列宁小学

国民党军第二十八师公秉藩的指挥电台,这是一部功率为 100 瓦的大电台。在中华工农兵苏维埃第一次全国代表大会期间,红色中华新闻台一边为大会抄收国内外新闻,向大会代表提供"参考消息",一边用无线电对苏区内外播发苏维埃第一次全国代表大会的新闻。对此,时任该社(台)负责人的刘寅曾激动地评述道:"我们党第一次越出了敌人的铜墙铁壁,向全中国的人民传播了胜利的佳音。"

苏维埃政府十分重视新闻出版工作。1931 年 11 月,临时中央政府刚刚成立,便组建了中央出版局和中央印刷局。各省苏维埃政府也相继成立了省出版局,由中央出版局发行部统筹图书报刊的出版发行。中央军

苏区用过的石印机

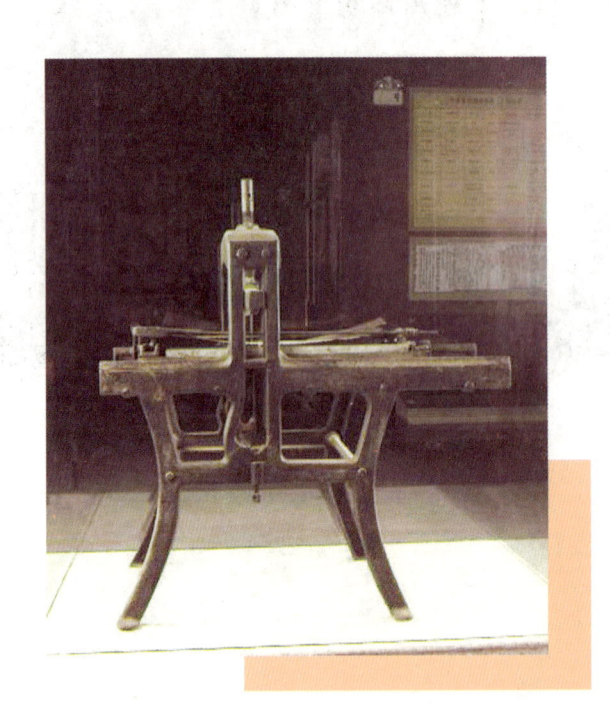

委、中共中央局、教育部等单位，也都有自己的出版机构和发行网，面向广大工农、干部和群众发行书籍和报纸，对红军战士则以半价优惠供应。中央苏区以报刊为主体的新闻事业蓬勃发展，各地的党、团、政府、军队及群团，分别出版了党报、政府机关报、军报、团报、工人报、青年报、儿童报等，共有203种。其中：中央一级报刊66种，省级报刊84种，特委一级报刊26种，中心县委一级报刊7种，县级报刊20种。

此外，中央苏区的报刊都开设了科学知识专栏，所登载的科学内容包括工业、农业、军事、运输、卫生医药等方面，成为苏区群众接受科技知识的重要载体。例如，《红色中华》《斗争》《红星报》《苏区工人》等报刊开辟了"科技常识""问答晚会""军事测验"等栏目，主要介绍科学知识。中央农业学校和农业研究委员会还根据农时季节不定期编发"科技简报",如天气变化情况、病虫害防治、施肥、下种、水利建设、粮食保存、牲畜养殖等。这些内容大都通过阅览室传播到广大工农群众中去。

3. 普及卫生知识

20世纪上半叶,中国南方地区流行天花、鼠疫、疟疾、霍乱、痢疾、烂脚等各种疫病,这些疾病威胁着民众的生命,也大大影响着苏区的生产和生活,中央临时政府主席毛泽东称疾病为"苏区的一大仇敌"。当时民众普遍缺乏基本的卫生常识,为此,毛泽东主张:"发动广大群众的卫生运动,减少疾病以至消灭疾病,是每个苏维埃的责任。"当时所编印的《卫生常识》中也写道:"为减少苏区革命群众的疾病与痛苦,加强我们的战斗力量,必须使一般工农劳动群众了解普通卫生知识,加强卫生工作。"为了预防和制止瘟疫与传染病,卫生部门要例行检查车船、公共食堂和住宅的清洁,在城市、机关和部队也建立了卫生组织,在乡苏维埃政府设立卫生委员会,村设卫生小组。卫生人员和卫生学校的学生还要深入到乡间农户,宣传卫生防疫知识。

1932年1月,苏维埃临时政府决定在福建长汀开办看护学校,选拔江西和闽西的学员学习内科与外科诊治、看护和急救与卫生常识等技能。红军卫生学校专门为红军培养医护技术人员。鄂豫皖苏区建立了红四方面军医院附属医务学校,川陕苏区设立了卫生学校等,向学生传授中西医知识。

中央苏区政府还广泛开展卫生科普，注重对群众的医疗知识的普及和对医务工作者专业技能的传授。苏区的《健康报》积极介绍医疗卫生的新知识，中央革命军事委员会总卫生部还主办了《红色卫生》杂志。《红色中华》发表了大量医药卫生常识的科普类文章，如《大家起来做防疫的卫生运动》《我们要怎样来预防瘟疫》《催泪毒瓦斯防御法》《向疟疾做无情斗争》《天花预防法》《冻疮速愈法》《鼠疫预防法》《加紧卫生 消灭霍乱》等。1933年，红四方面军总指挥徐向前还亲自编写了《简略卫生常识》，提出了八项卫生注意事项。苏区举办了卫生常识展览和工业技术展览。红军学校还举办了防空防毒知识咨询和模型室展示，以照片、图画、实物等方式进行专题陈列，使群众能学到有益的知识。

中央苏区出版了各种医疗卫生类的科普图书达60余种、3万多册，所载的科技知识对于苏区军民的生活和作战都产生了积极的影响，特别是对于苏区开展预防工作也是极其有益的。以红军总卫生部1932—1934年间编写的卫生知识为例，较为有代表性的是《医学常识》《四种病》和《卫生常识》等。为了开展医疗卫生方面的教育工作，一些红军的卫生学校也编写了一些教材性质的普及性图书，例如《简明药物学》《体功学问答》《病理学》《简明细菌学》《卫生运动纲要》《眼科》《最新创伤疗法》《实用外科药物学》《西药学》《卫生学》《皮肤花柳病》《妇科》《处方学》《耳科》等，达40多种。此外还有《卫生常识》《医学识字课本》《简明药物学》《最新创疗法》《卫生运动纲要》《卫生学》《常见病的治疗法》《生理卫生常识》《冻疮的预防和治疗法》《对于防御飞机与毒气的简明知识》《战争毒气防御常识》，等等。医疗卫生教育工作取得了非常明显的成效。

4. 推广科技的工作

苏区的农业生产水平低，技术落后，为此，苏区政府大力推广农业技术。毛泽东在《中华苏维埃共和国中央执行委员会与人民委员会对第二次全国苏维埃代表大会的报告》中强调："为着促进农业的目的，而在每乡每区组织一个小范围的苏维埃农事试验场，并且设立农业研究学校与农产品展览所，则是迫切的需要。"中央农业学校附设农事试验场和农产品展览所，以指导农业病虫害的防治、推广良种良法、报告农业试验结果、编制苏区农事日历等；学校讲授政治常识、科学常识、农业知识、植物生理常识、植物病理常识和气候常识，以及简易测量、各种农业作物栽培方法、育种方法、预防和消灭病虫害的方法。鄂豫皖苏区也开办了初级农业技术学校，开设了一些农业技术课程。这些农业科技活动将教学、研究和推广紧密结合起来，使稻谷、棉花、油茶、大豆的产量都有所提高，保证了苏区的粮食供给，有效支援了苏区的革命战争。

中央农产品展览所还定期举办农产品展览会，所陈列的内容有：病虫害防治、农作物耕种、优良品种培育、改良栽培方法等，通过实物来宣传介绍优良品种，讲解改良农产品和增产丰收的良法，通过农产品标本、实物和资料向群众普及知识，帮助群众掌握生产技术。

苏区有较多的手工作坊，基本上没有机器设备。为了保障苏区军事装备的发展，苏维埃政府把解决工业技术和设备问题作为重点任务，在一些军工企业还设立了技术研究委员会。技术研究委员会由指导人员、老工人和青年技术人员、职校毕业生组成，专门对生产技术进行研究和改进。同时，苏区也兴建了一大批修械所，并招收群众学习军工技术。在此基础上，将这些修械所合并扩建为有一定规模的兵工厂。此外，红军大学、红军特科学校、红军通信学校都设立了专门的技术研究会，针对战斗中遇到的实际问题进行研究，取得了诸如石木工事构筑、急行军与运输、独轮车装运方法、简易防空防毒法等适用于红军运动战术的成果。

土地革命战争时期，中国共产党在苏区政权建设、经济建设、文化建设和军队建设上，十分重视科技的普及和文化教育工作。这提高了苏区军民的文化素质和对科技功能的认识，还为一些偏远的苏区培养了一批专门的技术人才，促进了苏区经济、医疗、军工和工农业生产力的发展。

二、闽浙赣苏区的发展

闽浙赣苏区的形成与中国共产党的优秀领导人方志敏的工作

方志敏

有很大的关系。1928年1月2日，中共江西省横峰区委书记方志敏根据中共中央实行土地革命和武装起义的方针，在江西省弋阳县窑头村召集弋阳、横峰、贵溪、铅山、上饶的共产党员会议，决定发动农民举行武装起义，并组成以方志敏为书记，邵式平、黄道等为委员的工作委员会领导弋（阳）横（峰）起义，并取得成功。从20世纪30年代开始，方志敏领导闽北根据地的工作，逐步形成了闽浙赣苏区，并成立了闽浙赣省委和苏维埃政府。在最初的发展中，尽管战争环境极其艰苦和危险，但苏区领导人抓住时机大力发展经济建设和文化建设，特别是有针对性地发展科技事业，推动了苏区工作的开展，使各项事业都得到了较好的发展。

1. 工农业的发展

自古以来，中国农业形成了精耕细作的传统，也很重视防治病虫害的工作，这些特点都被苏区政府所发扬。在发展农业生产的同时，苏区政府也很重视发展工业生产，建成了能够自给自足的民用工业体系，以满足苏区民众之需，并且给苏区的发展打下了一定的基础。

就农业生产的情况来看，在1931年，闽浙赣苏区政府起草并通过了《关于发展耕种运动的决议》。其中对于田间管理有具体规定，关于田禾应耘和施肥的次数，田禾应该耘四次，早禾和晚禾的施肥至少要两次。此外还对各级苏维埃政府提出要求，"均须从速召集村分苏（维埃）土地委员会开一次或二次训练班，教以土地工作的方法及改良土地的科学常识"。对于不宜种水稻的田地，要求种植杂粮或别的经济作物，尤其要非常合理地使用耕牛。在耕种期间，不准有在家空闲的耕牛，每一头耕牛每日要满8小时的耕作。使用耕牛的人，耕作期间可免除会议，对于耕牛的使用要准备好饲料，在牛栏中要放置禾秆，保持比较卫生的条件，勿使耕牛生病。

苏区强调，工业生产要抓得更紧，以提供更多的工业品，满足日益增多的需求，特别是为了办好兵工企业，对于建立根据地工业体系的要求更高些。当然，就当时苏区的条件来说，采取了利用当地能提供的原料来发展工业，苏区已有的矿产、竹材和木材以及部分农产品可天然成为工业原料，借此建成了一些小型工厂，例如铁矿和煤矿、铁砂厂、炼铁厂、樟脑厂、硫黄厂、木炭厂、锅炉厂、制糖厂、榨油厂、枯饼厂、硝盐厂、石灰厂、中药厂、农具厂、木船厂、织布织袜厂、被服厂、染布厂、刮鞋厂、染布厂，等等。这种成规模的厂矿系统对于满足民众生活以及战争的需求，都发挥出很大的作用。

在苏区开辟之初，军民最感缺乏的是食盐、食糖、纸张和布匹等基本的生活资料。为了满足类似的需求，就要不断解决兴办工业时产生的各种问题。例如，为了生产纸张，开发苏区的茅梗秆和嫩毛竹等原料，在有条件的地区办起了造纸厂，可以出产书写用纸、毛边纸、绵纸、白连史纸、京万纸和上官纸等，满足了书写、油印、办公和印刷用纸，并且可向苏区之外的地区供应。当时，苏区生产的纸外运量可达 3000～5000 吨。据说，所生产的一种棉细纸很受欢迎，在江西全省是性能最好的纸张。由于苏区纸品质优价廉，上海的商人也进入闽浙赣苏区来购买这种纸。苏区的食盐生产问题也是极受重视的，闽浙赣苏区办起一些硝盐厂，以解决军民的食盐需求。1933 年，仅半年的产量就超 35 吨。硝盐厂的产品，除了解决食盐供应问题，还可用于制造火药。对闽浙赣苏区取得的成绩，毛泽东赞扬有加，并且在第二次全国工农代表大会上指出："在闽浙赣苏区方面，有些当地从来就缺乏的工业，例如，造纸、织布、制糖等，现在居然发展起来，并且收到了成效。他们为了解决食盐的缺

闽浙赣省委机关旧址

乏，进行了硝盐的制造。"

2. 军事工业的发展

兴办军工企业，技术水平要求较高，创业是较为艰难的。尽管如此，在战争的环境中，苏区优先发展的是军工企业和军工技术，以保证军用物资的供给。由于要自力更生搞军工生产，方志敏在带领红十军出征崇安时就动员了一批造枪师傅，并带着设备参加苏区的兵工厂建设，使闽北兵工厂得到迅速发展。

兴办军工企业，一开始就受到方志敏的重视。闽浙赣苏区的军工建设源于1928年8月,在福建崇安县的山区筹建了最初的5个土枪土炮制作所。为了扩大规模,建成工厂,又去外地聘请技术工人。经过努力终于建成岭阳兵工厂,后来工厂的规模扩大到80多人。到1930年又扩建成闽北红军兵工厂,在此期间还派人去支援其他地区建设兵工厂。在全盛期,闽北兵工厂的规模达300多人,并且分为修械、子弹、造枪、炸弹、翻砂等5个科,此外还附有一个木工组和一个锻工组。依据这样的技术力量,完全可以承接多数修理枪械以及制造子弹和手榴弹的任务。

在组织弋横起义之后,方志敏就亲自组织一些工匠办修械所。这家修械所后来形成了一家修械处,并逐渐发展成为洋源兵工厂。由于德兴县(现德兴市)盛产硫黄,而洋源一带发动土地革命的活动最早,为此决定在此建立兵工厂,名为赣东北兵工厂,习惯上称为洋源兵工厂。这家兵工厂主要生产部门分为制造部、子弹部、炸弹部、翻砂部、硝磺部和木工部等6个部,还建立了专门生产子弹的分厂和专门生产手枪套、子弹袋、武装带和马刀鞘等皮革制品的皮革厂。洋源兵工厂的基础设施是红军在攻打一座煤矿时缴获的设备,包括手摇机床、活动扳手、钻头和锉刀、老虎钳、榔头、铁钻以及用汽油桶制成的熔铁炉子。生产过程主要依靠工人手工操作完成,除了一些关键材料要外购(如铜丝、氯化钾等),有些材料要重复使用,如利用红军官兵交回工厂的子弹壳,再重新制造子弹。

为了使军工生产能持续下去,红军军工部门很重视人才培养工作。有些高级人才还是从俘虏中挑选的,并说服他们留在红军队伍中参加兵工厂的建设。攻克东平鸣山煤矿后,除了缴获了一些设备,还动员了50多名技术工人加入红军队伍之中,方志敏决定,给这些技术工人较高的待遇。不久,他们大都成为洋源兵工厂的技术骨干。1931年,红军在闽北地区俘获了一个造枪队,其中有十多名师傅，曾在闽北山区私造枪支出售，经动员进入苏区后也都加入兵工厂。这些人曾经有过造枪的经历，对于提高兵工厂的技术水平意义重大。除此之外，为了扩大工厂的规模，苏区政府还选派一些人员、红军队伍也抽调一些人员补充到兵工厂。到1929年年底，兵工厂的人数就已从几十人发展到800多人（其中女工有500多人）。1933年，中共著名的兵工专家刘鼎（1902—1986，原名阚思俊，字尊民，曾用名阚泽民、甘作明、戴良，四川南溪人）被派往中央苏区，在路过闽浙赣苏区时，被方志敏"截留"，并被任命为军区组织部部长，1934年又转任洋源兵工厂的负责人。刘鼎为苏区军工科研工作贡献很大，1924年，经孙炳文、朱德介绍加入中国共产党，曾在西安事变中立下汗马功劳。刘鼎终生从事兵工事业，在抗战时期先后担任八路军总部军工部长和晋察冀工业局副局长，新中国成立之后又担任重工业部副部长等职务。他后来成为著名的军工与机械工业专家，我国军事工业的创始人和杰出领导人，中北大学第一任校长，被誉为中国的军工泰斗。

在军工技术发展中，最初只能制造梭镖、大刀和土枪土炮，成立岭阳兵工厂之后，技术力量也得到较大的发展。最初，每天只能生产一支步枪，后来每天可生产3支步枪以及锡子弹、手榴弹等。在岭阳兵工厂基础上再建闽北兵工厂后发展到最好的时期。这时，该厂可制造炸弹、地雷、刺刀、马刀、子弹、长短枪甚至花机关枪（一种冲锋枪），以及一些零配件和修配用的工具，等等。赣东北兵工厂还可制造生产炸弹和子弹的火药，而生产这些火药的原料（炭末、硫黄和硝盐）均系本地所产。生产弹头应该用铅，由于本地得不到铅而改用锡，并用铜皮把锡包起来。这种带有铜外壳的弹头的穿透力更强，杀伤力也更大。当时研制和生产的炸弹包括手榴弹和各种类型的地雷，多数地雷的重量达6~15千克，最小的只有3千克，而最大的可达60千克。生产子弹、炸弹的外壳主要由翻砂部来完成。翻砂部还可以浇铸枪炮的部件。

闽浙赣苏区的军工生产和军工技术的发展都取得了显著的进步，1934年1月，在中华苏维埃第二次全国代表大会上，闽浙赣苏维埃副主席汪金祥就给大会带去礼品——两支步枪，为此受到毛泽东主席的称赞。

红十军曾缴获两门迫击炮，由于没有炮弹，这两门迫击炮只得闲置。后来，工人师傅拆开一枚迫击炮弹，看清它的结构，他们将诸部件制成木模，再制成砂模，翻砂铸造出零部件。把这些铸件组装在一起，就制成了几发迫击炮弹。在试射时，第一发哑了，打出第二发之后，落到地上，竟然能钻入地下达3尺。在制成能实用的炮弹之后，研制人员还受到上级的表扬，并且进行了批量生产。1934年，方志敏还向洋源兵工厂下达任务，即研制小钢炮，并由刘鼎来领导试制工作。其实，刘鼎并未专门学习过造炮的专业。方志敏对刘鼎谈到造炮的任务，他说："我考虑了很久，找不着别人，只有你看见过炮，请你想想办法。"在受领了任务之后，刘鼎在红军学校抽调1个班来参加和协助他的工作，并一起来到洋源兵工厂。他召集了一些技术工人一起参加研制工作。他们先后完成了设计、绘图、制模、翻砂和组装诸工序，终于造出了红军的第一门大炮。不久，他们又造出第一批5门55毫米口径的步兵炮，并以这个参加试验工作的红军班为基础，成立了第一个炮兵班。方志敏对这一次的研制过程有过非常详细的记述：即兵工厂的技术人员"用少得可怜的机器，居然造出了花机关和轻机关枪，又居然造出了好几门小钢炮来。当他们第一次试炮时，听到轰然一声，炮弹平射出去，弹落处打进土内三尺多深的时候，他们乐得像发狂一般地吼跳起来"！是的，他们所能利用的"可怜的机器"就是一架车床。

在军工制造的过程中，闽浙赣苏区非常重视地雷的制造。各县苏维埃都设有地雷部，并把地雷列入生产计划，形成了一个群众性的造地雷的运动，造出的各种地雷不下百种，较有代表性的有铁雷、石雷和陶罐雷等。这些地雷在反"围剿"作战中发挥了很大的作用。对此，方志敏称赞某"地雷部长"时曾写道："他每月只用大洋3000元，能造出大小地雷15 000个……每个地雷，平均计算只合大洋2角。"在闽浙赣苏区的军工生产中，能取得如此之佳绩，与刘鼎重视地雷研制和生产有关。他还不断改进武器的结构，以提高爆炸的威力。他把手榴弹的外形，从圆桶状改成了球形，外壳铸造成网沟状。这种带网沟的形状更加容易炸碎，产生更大的威力。他还改进了黑火药的配方以及埋设和引爆方法。刘鼎设计用手摇电话机作为引爆装置，通过电导线来控制地雷。这大大提高了引爆地雷的控制水平。即便今天看，这种控制技术仍是一个很好且很简单的发明范例。这些五花八门的"炸弹"在反"围剿"的战斗中也发挥了很大的作用。

从苏区军工生产的情况看，子弹、迫击炮弹和榴弹的产量都提高了3~5倍。有敌人被俘之后受审时，对洋源兵工厂的"评价"是："你们兵工厂的子弹太厉害了！"

洋源兵工厂在闽浙赣苏区的军工技术发展中占有重要的地位，并且在红军时期的军工技术发展中占重要的地位，其规模仅次于官田兵工厂。当时（1933年11月），为了展示苏区兵工厂和军工技术所取得的成绩，在苏区举办的"全省武装展览会"上，洋源兵工厂提供了大量的展品，如步枪、手榴弹、地雷、花机关枪以及各种弹药。除了洋源兵工厂，各个县也展示了所制作的地雷、石头炮、鸟铳、老虎箭、大刀、梭镖等展品。这些展品真实展示出苏区发展军工技术以及研制和生产所取得的成绩。尤其是洋源兵工厂，虽然它只存在了六年半的时间，但是有光辉的发展历程，特别是它的研发能力之强，制造水平之高，在当时的苏区称得上是首屈一指。它不但为红十军的发展做出了贡献，而且在中国人民军工发展史册上也写下了光辉的一页。

3. 医疗卫生的发展

由于闽浙赣苏区地处偏僻，在开辟之初，条件是非常艰苦的。艰苦的条件和落后的环境对于苏区军民的健康造成了极大的威胁，大大影响了苏区的发展。这也成为苏区发展最大的绊脚石。为此，苏区政府采取了若干措施，而措施之一就是创办一些医疗机构。早在1928年夏，方志敏就组织人力在弋阳筹办一个红军医疗所（可接纳30名病员）。两年后，该医疗所扩建成一座医院，不久改称为"赣东北红军总医院"。医院分内科与外科，可收治伤病员500～800名。此后又在医院的基础上设立了4个分院和一座红军医院。这些医院还要承担苏区的一些防疫工作，如接种牛痘等。这个红军医院最初只有医务人员30多人，最多时达70多人。此外在闽北地区又建立了一座调养所（即中医院）。

在苏区医疗卫生事业的发展过程中，苏区的医疗机构除了吸引外地的人才之外，还注重培养自己的人才。在最初创办红军医疗所的同时，医疗所聘请武术师为医疗所的医师，并招收了4名学徒。在红军不断开辟新区之时，也注意从当地的医疗人才甚至从俘虏军医中物色医生，以充实苏区的医疗队伍，有些被俘的军医还当上了医院的负责人。此外，还从苏区之外物色人才，如景德镇的医学博士邹思孟（毕业于日本千叶大学）就在红军医院任职。红军作战时曾缴获大量医疗器械，也为兴办医院创造了一定的条件。

1933年3月，闽浙赣苏区召开全省第二次工农兵代表大会，大会形成的《决议案》明确指出，"红军医院和工农医院必须尽可能培养一批医生，以医治红军和群众的伤病"。为了更系统地培养医疗人才，闽浙赣苏区还办了两所医疗学校。医务学校（1930年成立）招收的学员达几百人。学生经过学习很快就掌握了诸如截肢和剖腹之类的手术工作，一些受训的学生还被派到红军医院去做实习生。

1930年10月，在苏区第一所卫生学校的成立大会上，方志敏和邵式平还发出号召，学生们要学好本领，为巩固苏维埃政权服务。学校设内科、外科、战伤科，开学不久就在当地中学堂招收了一些学生，学生毕业后都成为红军卫生系统的骨干力量。

在发展过程中，红军对于医院的建设非常重视。例如，在医院内有化验人员，并配备了显微镜之类的"精密"设备，还可以对一些大手术实行局部麻醉和全身麻醉，红汞、酒精和碘酒等常用的消毒用药剂基本上可得到满足。通过作战，红军缴获了一些医疗器械，并从一些城市购入医疗器械，而药品中有一些要自制，如加工中草药成为药膏或药粉，创伤专用的药膏用猪油调和蜂蜡制成，用杜鹃花、冬泡刺和苦菜制成药粉，疗效甚好。常用的绷带和纱布则用蚊帐布来替代，通过煮棉花制成常用的药棉，把食盐溶液制成消毒药水。

用量较大的外科（西）药剂也可以动手制作，制成品包括硼酸软膏、碘酒软膏、依比软膏和锌氧软膏等。为了制作这些软膏制剂，其膏剂是利用麻油或菜油煎黄蜡，再调入白糖，加入有效成分。此外还制作镇痛药品，主要是服用吗啡。当然，当时红军的医疗条件总体上看是比较差的，为此要使用较多的中草药制剂，替代所需要的西药。这些简易的做法制成的一些消耗品，满足了军队日常之需。

4. 通信的建设

随着苏区的扩张和红军队伍的壮大，闽浙赣苏区开始了无线电通信和无线电侦测技术工作。1931年12月1日，由总司令朱德和总政委周恩来联名发布的命令提出了加强无线电队的建设和管理工作的要求。朱德和周恩来指出："无线电已成为苏区红军主要通信工具"，这就必须加强无线电队的组织工作，特别是在艰苦的环境中、残酷的军事斗争中，要注意到"技术人员难免发生动摇，应该加紧政治上的争取与物质上的优遇"。为此，闽浙赣苏区也开始加强无线电通信的工作，在筹集到一些无线电设备之后，就筹办无线电大队。1933年夏，刘鼎利用缴获的电话机和电话线从红军学校中抽调一些学员组成电话队，在党政机关和一些单位之间安装电话机，建立了可延展百余千米的、较大范围的电话联网，并使之发挥作用。但是，闽浙赣苏区与上海的党中央领导机关、瑞金的中央苏区领导机关以及下属的苏区联络还要靠秘密交通来实行。

就闽浙赣苏区建立无线电台，苏区领导曾经向中央提出请求，并提出建立无线电台的理由，即"我们居在山谷里，对外面一切消息都迟缓而不详细"。虽然位于上海的中央领导也非常重视，但几次派人运送无线电装置都未能成功。这样，闽浙赣苏区只得自己来解决建立无线电通信联络的问题。很快，红十军就在几次作战行动中缴获了3部电台。方志敏非常高兴，他在《可爱的中国》

中写道:"这是红十军第一次缴到无线电台,我们欢喜得很。"特别是缴获的第二部无线电台,设施很完整,功率也达到 50 瓦。在得到第三部电台之后,闽浙赣苏区就在赣东北苏区建立了无线电队,后名为闽浙赣省军区司令部无线电队,或中国工农红军总部无线电队第 25 分队。

后来,中央苏区也送来了一部电台,以建立红十军的电台。而闽北苏区利用这部无线电台创建了闽北军区司令部无线电队,这就形成了赣东北苏区

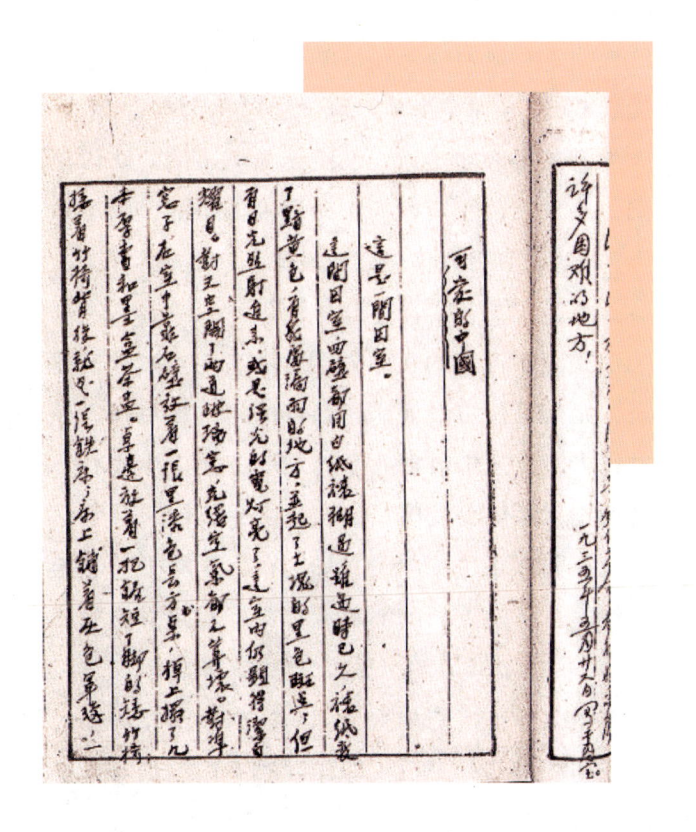

《可爱的中国》书影

和闽北苏区与上海党中央机关和中央苏区瑞金的苏维埃政府之间的联系。1934年，闽浙赣省委又得到一部无线电台，但缺少零部件。为此绘出图样，送到兵工厂来制作。把复制的零件安装在电台上之后，使电台可以运行了。10月，在成立红十军团后，闽浙赣省委和军区，将原来的无线电队分为两队，一队随着方志敏领导的抗日先遣队北上，另一队仍然归省委和军区领导。

像军械修理和制造工作一样，无线电队也面临人才培养的问题，为此省军区司令部着手培训无线电技术人员。上海派来的无线电技术人才到达闽浙赣苏区之后就开办了无线电训练班。最初参加培训的只有4人，不久即形成规模，达10余人。这样，省军区司令部通信学校成立，在校内设置无线电班、电话班和旗语班。这些学员学成之后，大大满足了人才之需，也使无线电通信的队伍得到一些发展，使指挥工作和情报工作都得到了加强，对于苏区和军队的建设发挥了一定的作用。

闽浙赣苏区的领导人方志敏高度重视苏区建设，尤其是军工发展，还亲自过问许多事情。他重视人才，还亲自创办了赣东北苏区卫生学校，曾经担任医院分院院长的何秀夫（厦门医科大学毕业）和邓怀民（广州光华医科大学毕业）、担任红军总医院院长的邹思孟都曾经受到方志敏的礼遇。在推进军工生产的工作中，方志敏注重吸纳技术人才，特别是重用刘鼎，创办闽北岭阳兵工厂和赣东北兵工厂（即洋源兵工厂），对根据地建设贡献巨大。

方志敏提出，"要力求苏区经济自给，我们要不断地注意耕种动员，增加农业生产，我们更要去创立和扩大煎盐、制糖、纺纱、种菜、制药等事业，力求盐、糖、布、药大部分自给，以至完全自给"，使苏区财政得到一定的改善。像毛泽东在开辟苏区时所讲，要"真心实意地为群众谋利益"；"一切机关学校部队，必须在战争条件下，厉行种菜、养猪、打柴、烧炭，发展手工业和部队种粮"，提出要参与各项劳动。对于闽浙赣苏区的建设，方志敏所开创的各项事业都得到了较好的发展，这一方面是因为领导者的重视，积极推动苏区的建设；另一方面则是结合苏区建设的实际，在制定政策和具体实施时，调动群众的积极性和主动性，通过教育，让群众的觉悟得到提高，并且在经济工作和劳动实践中得到实惠，使之更加主动地投身到根据地的建设之中。

第三章
边区科学技术的发展

在抗日战争时期,为满足群众生产和生活上的需要,中国共产党建立和领导的抗日根据地都非常重视科学技术的发展,并建立科学研究机构,组织科学技术团体,以促进经济发展和提高民众科学文化的水平,巩固和扩大根据地,最终取得革命的胜利。

延安是中国革命的圣地,也是中国共产党创办工业、科技、文化教育事业的摇篮。鉴于当时抗战形势和边区经济与文化教育建设的需要,早在抗日战争初期,中共中央在多个文件中强调,"多种经济工作和技术工作是革命工作中不可缺少的部分","革命工作……需要从事各种工作的人才"。1943年1月,李富春在写给延安自然科学研究会的信中指出,边区经济建设的任务"需要自然科学的帮助是很多很多的,诸凡农业、畜牧、工业、运输、盐业及改善生活等,其中有几百件几千件的事业,无不需要自然科学的指导，无不需要技术来恰当地解决生产建设中的实际问题"。这些都反映出党对经济建设与科学技术关系的认识，边区政府支持开展科学技术的研究，以助推边区的建设事业。1940年6月23日，晋察冀边区行政委员会主任宋劭文在边区文教会议上的报告《边区文化教育工作应努力的方向及当前的几个具体问题》中要求："必须把自然科学在文化教育中的地位提高起来。为什么要提高呢？因为自然科学是一切科学的基础，不但抗战离不了自然科学，建国更离不了自然科学。拿近代战争来说，战争是集一切科学之大成，当然制造枪、炮、机关枪、坦克车离不了自然科学，就是今年春耕运动中的开渠、开荒、造林哪一样也都离不了自然科学。"

一、陕甘宁边区和晋察冀边区

1935年10月，中央红军到达陕北后，使陕北成为革命根据地的中心。1937年9月，在实现第二次国共合作之后，原来的陕甘苏区改名为陕甘宁边区，并成立了边区政府，辖23个县，人口约150万，首府定在延安。林伯渠任边区政府主席。陕甘宁边区作为中共中央和中央军委所在地，是动员人民群众参加抗

右 八路军东渡黄河

左 陕甘宁边区政府主席林伯渠

日战争的政治中心，也是抗日根据地的总后方。

全面抗战爆发后，八路军东渡黄河进入山西和河北地区，创建晋察冀抗日根据地，也称晋察冀边区。在抗日战争中，晋察冀边区军民做出了重大牺牲，被中共中央誉为"敌后模范的抗日根据地及统一战线的模范区"。1948年春，晋察冀边区政权与晋冀鲁豫边区政权合并，组成华北联合行政委员会。

陕甘宁边区和晋察冀边区都曾是土地贫瘠、交通闭塞、文化保守、经济落后和战事频仍的地区。在边区经济建设的过程中，中国共产党要"用自然科学粉碎敌人的经济封锁"。1939年1月，林伯渠主席在陕甘宁边区政府对第一届参议会的《工作报告》中指出："开办实用科学研究所,以发展工业、植物、动物、化学、土木工程、地质等学科的研究,造就科学人才,以供应发展国防经济之需要。"可见,边区政府重视开展科学研究以发展边区的建设事业。边区政府重视科学,为此制定了一系列的科技奖励政策,并且开展了形式多样且卓有成效的科技活动,大力发展生产,进行科普活动,将科学技术知识渗透到抗战实际需要中,这大大改变了边区落后的面貌。边区的科技活动培养和锻炼了很多优秀科技人才,也为新中国的科技管理提供了经验。

二、科技文化团体

1. 扫盲和反迷信活动

抗战时期,边区的文盲率较高,迷信流行。以陕甘宁边区为例,当时"在一百五十万人口的陕甘宁边区内,还有一百多万文盲,两千个巫神,迷信思想还在影响广大的群众"(毛泽东),"人民不仅备受封建的经济压迫,而且吃尽了文盲、迷信、不卫生的苦头,人民的健康和生命得不到保障"(李维汉)。文化素质低是造成边区落后的重要原因。为此,1944年10月30日毛泽东在陕甘宁边区文教工作者会议上做讲演时强调,"我们必须告诉群众,自己起来同自己的文盲、迷信和不卫生的习惯做斗争",还提出"在教育工作方面,不但要有集中的正规的小学、中学,而且要有分散的不正规的村学、读报组和识字组。不但要有新式学校,而且要利用旧的村塾加以改造"。为此,科技工作者们积极开展科普活动,深入开展反巫神反迷信的斗争，通过报刊、科普活动、展览会、秧歌等方式宣传科学知识。通过科普宣传，激发了民众了解科学知识的热情，改变了边区人民愚昧落后的旧思想和传统生活方式，逐步形成了崇尚科学、反对迷信的社会风貌。

20世纪40年代，边区发生蝗灾，老百姓无力治蝗，遂产生了蝗神崇拜，视蝗为神。边区很多地方建立了蝗神庙、虫王庙、八蜡庙、刘猛将军庙等，仅冀中29个县就有蝗神庙43座。对此，边区政府广泛宣传并发动群众治蝗，还建立奖罚制度，派人员到蝗区视察，收到了良好的治蝗效果。

灭蝗工作，不仅为党领导科普工作积累了一些经验，有效扫除了边区群众的思想落后和封建迷信恶习，也改变了当地民众落后的精神面貌。一些技术人员在庙会上向群众介绍各种种植技术和种子消毒技术，分发一些传单。例如，曲阳县的科技人员在庙会上讲麦子黑疸病不是灾年的征兆。边区的科普宣传工作，使群众的科技素养有所提高，抑制了迷信活动，有利于科学文化的发展。农民开始学习技术发展农业，群众生病了也不再找巫婆，而是去看医生，并改变了原来的不良习惯和旧习俗。

抗战时期，根据地文化教育水平很低，民众知识很缺乏，科学素养低下。各地的医生较少，加上迷信盛行，民众的健康难以得到保障。当水旱灾、蝗灾、流行疾病发生时，群众往往通过祈求神灵的方式解决问题。"二战"期间美国的一个知名记者J.贝尔登曾经描述过这样的情况，当旱灾来临时，"整村的人都一齐来到寺庙，跪在佛像、菩萨以及地方的神面前求雨。"这些陋习的猖獗必然影响农业技术的推广、卫生事业的发展、生活质量的提高以及抗战的进展。

倡导科学、抵制迷信成为当时科普教育的紧迫任务。为此,边区自然科学研究会确定的任务,即"开展自然科学大众化运动,进行自然科学教育,推广自然科学知识,使自然科学能广泛地深入群众,把一般自然科学基本知识教育给群众,普及防空防毒防灾防疫医药卫生等必需科学常识,破除迷信,并反对复古盲从等一切反科学反进步的封建残余毒物,使民众的思想意识和风俗习惯都向着科学的进步的道路上发展"。科技工作者积极开展反"巫医"和"神汉"的活动,通过报刊和读物,办展览会,宣传科学知识,增强群众的科学意识,激发民众学习科学知识的热情,改变边区民众愚昧落后的旧思想和传统生活方式,逐步形成了尊重科学、反对迷信的良好社会风气。

2. 普及科技知识

为了向群众普及科技知识,1938年10月,《新中华报》开辟"经济建设"专栏,对边区经济建设提出意见和建议。1941年10月,《解放日报》也开辟"科学园地"和"农业知识"的专栏,11月又创办"卫生"专栏。这些专栏文章,介绍通俗科技知识,为边区的发展服务。以"科学园地"为例,专栏文章涵盖了自然科学的多个领域,包括对自然科学理论的相关介绍,还有与边区实际问题紧密结合的研究成果,主要由延安自然科学研究会供稿。创刊当日发表了林山的《边区的黄土》、白华的《从所谓硫黄弹说起》及孙宇的《物质不灭定律》等文章。从"科学园地"专栏来看,从1941年10月至1943

年3月，专栏共出刊26期，发表稿件190多篇，其中有关科学技术的文章就有140多篇。当时延安自然科学院的阎沛霖（1911—2003）、武衡（1914—1999）、力一（1913—1996）先后担任该专栏的主编。徐特立也发表专栏文章《怎样发展我们的自然科学》和《我们怎样学习》，介绍了中国共产党有关发展科学的方针政策。类似的还有《科学季刊》《自然科学界》《科学小报周刊》《边区卫生》等报刊。中共中央宣传部还出版了普及各种科技知识的通俗读物，如《怎样养蚕》《农田给水的常识》《果树除虫的简便方法》等，提高群众农业科技的知识水平。此外，还利用墙报、标语、皮影、庙会、秧歌、幻灯、戏剧、歌曲、话剧等群众喜闻乐见的方式宣传自然科学知识，抵制迷信。诸如此类的宣传形式，在科技传播中发挥了重要作用。《晋察冀日报》设有科普专栏，也先后刊登了社论《开展清洁卫生运动》《讲究卫生少灾病》《广泛开展防疫工作》《消灭春疫预防春瘟》和《开展群众卫生运动》等文章，这些文章宣传了党的主张和形象。

当时的《晋察冀画报》图文并

上 阎沛霖 中 武衡 下 力一

茂，常常在春季登载与耕种有关的图片，在夏季登载与田间管理、治蝗救灾或防洪排涝有关的图片，在冬季报道民众开展冬学与学习科学知识有关的图片。在平山柴庄的村剧团的表演中，把识字课本编成了顺口溜，并以拉洋片和活报剧的形式来宣传，使老百姓在娱乐中学到了一些科技知识。在晋察冀最流行的街头诗中，很多作品都包含着科学知识，流传在田间街头。如艺术家胡可的一首街头诗："俺村里有个王老三，养种着嘎咕地二亩半，浇三遍，锄三遍，打下了粮食一石三。"这是反映耕种知识的诗歌。再如张庆云的《洗衣裳》街头诗。

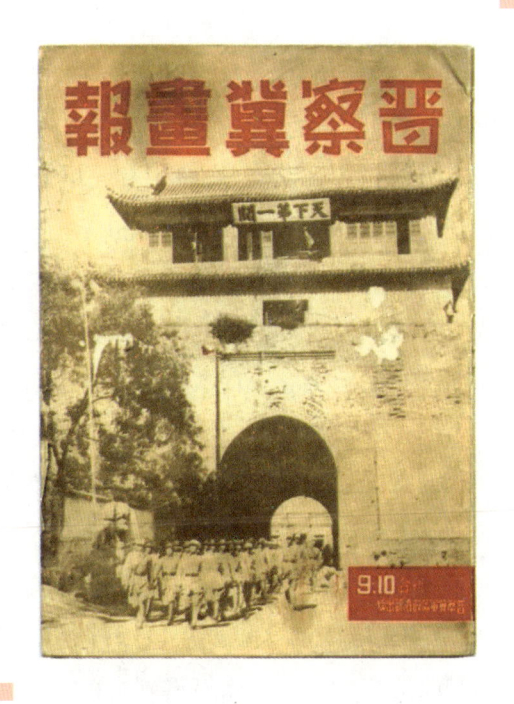

《晋察冀画报》

"洗衣裳,叫我晒,常常洗,衣裳净,穿在身上不受病。"告诫老百姓要养成讲卫生的好习惯。晋察冀边区的冬学运动,将群众的扫盲活动与科普相结合。在识字课本《生产课本》《开展家庭副业》《刮硝盐》中,在识字的同时也传授一些技术知识。晋察冀新华书店出版发行的边区小学教材中也有宣传自然科学知识的内容,如"小雨点的旅行""壶盖为什么会动""月亮和浮云""轮船的发明""第一次绕行地球"等。

作为科普的重要形式,一些科学机构还开办讲座和专题报告,出版科学书刊。在党的领导下,边区的科技团体和科技工作者结合边区的实际,开展了多种形式的科普工作。

3. 陕甘宁边区自然科学研究会

1940年2月,陕甘宁边区自然科学研究会成立。研究会选出了主席团,通过了《陕甘宁边区自然科学宣言》和《陕甘宁边区自然科学章程》,推举蔡元培为名誉主席,吴玉章担任会长。在成立大会上有各机关、学校代表及自然科学界同志共1000余人参加,毛泽东和陈云等领导人出席成立大会并发表讲话。毛泽东说:"自然科学是很好的东西,它能解决衣、食、住、行等生活问题,所以每一个人都要赞成它,每一个人都要研究自然科学。"并从更一般的意义上指出:"自然科学是人们争取自由的一种武装。人们为着要在社会上得到自由,就要用社会科学来了解社会,改造社会,进行社会革命。人们为着要在自然界里得到自由,就要用自然科学来了解自然、克服自然和改造自然,从自然里得到自由。"毛泽东最后强调："马克思主义包含有自然科学，大家要来研究自然科学，否则世界上就有许多不懂的东西，那就不算一个最好的革命者。"陈云也讲道："自然科学的研究可以大大地提高生产力，可以大大地改善人民的生活，我们共产党对于自然科学是重视的，对于自然科学家是尊重的，自然科学在共产主义社会是可以大大发展的。"他还强调："科学要大众化，要在广大群众中去开展科学的工作，并与全国自然科学界取得联系。"

《陕甘宁边区自然科学宣言》号召：陕甘宁边区自然科学界同人要团结，"发展自然科学运动，有组织有计划地来肩负抗战建国其中自然科学界应有的任务"。为此，"要加强自然科学运动，掌握与提高自然科学，成为抗战中的战斗力量，为抗战到底为加强团结为力求进步而服务，来配合政治军事经济文化的抗战。我们要运用自然科学的战线，来粉碎敌人的经济封锁，打击敌人的文化政策"。

延安自然科学研究会是当时最有影响的科技团体，为了促进自然科学研究与经济建设的结合，就要与全国自然科学界取得联系，因此，研究会要求边区科技人士"把科学研究与边区生产建设结合起来"，特别是要把自然科学和社会科学统一起来研究，"推进自然科学与社会科学的高度发展"。研究会还规定，要"召开年会、组织科学报告、举办科普常识讲座、出版宣传刊物、撰写学术和科普文章、组织科学调查等"。

会员们为科学研究和普及科学知识做了许多有意义的工作，研究会相继建立了地矿、机电、化工、生物、农业、医药、炼铁、土木、航空、数理等十几个专门学会，共有300多名科技工作者参加。1941年8月，延安自然科学研究会举办第一届年会时，朱德发表了重要讲话，他强调："现在中华民族正处在伟大的抗战建国过程中，不论是要取得抗战胜利，还是建国的成功，都有赖于科学，有赖于社会科学，也有赖于自然科学，一切科学，一切科学家，要为抗战建国而服务、而努力。"

延安自然科学研究会还为边区的科学事业和经济建设提供咨询，科学人士还明确提出"出版通俗科学读物，普及科学知识""扶植科学团体，开展科学运动""订定条例，奖励科学及技术研究"和"欢迎外来科学人才，尊重并合理使用各种专门干部"等重要意见建议。

1941年春，农林学家乐天宇根据朱德的建议，与李世俊、方粹农、陈凌风等发起成立中国农学会，乐天宇为首任主任委员。农学会为边区的农、林、牧业发展提出了许多有价值的建议。

陕甘宁自然科学研究会起到了很好的示范作用，也使其他边区广大科技人员受到很大的鼓舞。吴玉章向其他边区科技界发出倡议，呼吁成立科学组织。为响应陕甘宁自然科学研究会和吴玉章的号召，调动广大科技人员的积极性和创造性，成仿吾、童大林等人发起成立了晋察冀边区自然科学界协会。边区工、农、医、电各领域技师、专家100余人于1942年6月10日在边区政府所在地河北省灵寿县祁林院村成立晋察冀边区自然科学界协会。确定以"团结全边区自然科学家与自然科学工作者，开展自然科学的工作为抗战建国服务"为宗旨。协会团结边区一切自然科学家及工作者，为反法西斯而奋斗；帮助边区经济建设，改善人民生活；促进自然科学研究工作，培养自然科学工作干部，普及自然科学知识；与国内外自然科学界密切联系。在协会的任务中突出强

左　陈凤桐

右　《晋察冀日报》对晋察冀边区自然科学界协会成立的报道

调"帮助政府推行自然科学教育，推广自然科学知识以求得一般自然科学常识的普及与一切迷信的反科学的思想习俗的破除"。

在成立大会上，讨论通过了《晋察冀边区自然科学界协会简章》和《晋察冀边区自然科学界纲领》。进行了理事会选举，并推选陈凤桐为理事长。协会还编辑出版会刊《自然科学界》，在边区进行科普宣传和技术推广。协会成立后便立即投入到实际工作之中，开展了多方面的科技活动。

协会成立后，工学会、农学会、电学会和医学会等专业学会相继成立，这些学会大力进行实用技术的研究与推广，为边区的无线电通信、农林发展、卫生防疫等方面做出了积极贡献。协会不只促进了边区的建设，也为后来新中国的建设储备了大批科技人才。

1939—1943年，边区自然科学研究会和各科学部门在延安多次举办自然科学和各种专题展览会，如物理、天文、气象、化学、地质、矿物、生物等类别，到1944年，每年要举办5次。

晋察冀边区自然科学界协会不仅吸纳了边区各界的科学人士、技术专家，还吸引了一些国际专家学者加入了协会，如无线电专家林迈可、援华医疗队医生柯棣华等。

4. 边区国防科学社

要改变边区落后的面貌，就必须向民众普及科学知识。中国共产党非常重视对民众的科技教育，对民众进行科技启蒙教育，借助科学技术为发展生产和经济建设服务。为此，各个边区大都建立了科技团体，科技工作者为促进边区的经济建设、提高人民群众科学文化水平、推动抗战建国事业做出了重要贡献。

各边区政府充分尊重科技工作者，陕甘宁、晋察冀、晋西北、山东、东北等地区先后建立了各种科学团体，其中最著名的有陕甘宁边区自

上 高士其
下 董纯才

然科学研究会、边区国防科学社、晋察冀边区自然科学界协会、东北自然科学研究会等。

1937年9月边区政府在延安成立后，于1938年2月6日成立的边区国防科学社是延安的第一个科技团体，是由高士其、董纯才、陈康白、周剑南、李世俊等20多位科技工作者组织的。它是一个当时边区所有自然科学理论工作者为抗战救国而研究和学习科学与哲学的学术团体。它的宗旨是：研究与发展国防科学，增加大众的科学常识。他们研究国防科学的理论与实施；协助国防工业的建设，指导农业的改良和进行医药材料的供给；教育民众了解国防科学的常识，包括防空、防毒、防疫等。边区国防科学社成立后，在《新中华报》的副刊上每月出一期"国防科学专号"，普及国防科学知识，并派出人员在边区民众教育馆每周进行科学常识的讲演。

为了推进边区科学技术、社会科学、文教事业的发展，国防科学社还组织自然辩证法座谈会，且每逢星期日座谈一次，交流心得，进行讨论。所讨论的内容包括科学技术的发展与革命事业的关系、自然辩证法的基本理论及应用的问题。这些活动大大帮助了科技工作者增强科学修养，提高马克思主义哲学、自然辩证法的理论水平，用马克思主义哲学指导自然科学研究和实践。

为了提高边区民众的生产积极性，推广生产技术，边区每年都要组织展览会，如工业产品展览、农产品展览和文化艺术品展览等。1939年5月，陕甘宁边区工业展览会开幕，第一次集中展示了边区的科学技术成果，毛泽东出席了开幕式并讲话。他指出："这次工业展览中，有重工业、轻工业，有大工业、小工业，在边区这样困难的条件下做出这些成绩来，是非常有意义的。"农业展览会的展品较为丰富，包括了边区各地的特产；工业展览会的展品有肥皂、牙粉、粉笔、药品、纸张、农具、皮衣和布匹等。边区流传着周恩来当年参加纺线比赛被评为"纺线英雄"的故事。在延安农工业展览会上还展出了周恩来和任弼时纺出的头等线。边区国防科学社的成员也会参与筹备工农业展览会，并派有经验的技术人员参与组织专家组进行评议。

类似的还有东北自然科学研究会、山东自然科学研究会和山东自然科学社等科技团体，这些科技团体通过自己的活动，在促进解放区的科学文化教育事业、粉碎敌人封锁、推动生产、发展经济、巩固后方、支援前线、培养科技管理干部等方面做出了不可磨灭的贡献，为抗战提供了有效的保障，对新中国的科技工作和科普工作也产生了重要影响。

延安自然科学研究会举办了多种报告和专题讲座。1941年8月，延安自然科学研究会请徐特立在文化俱乐部作《边区自然科学教育问题》的报告，阐述了自然科学教育的重要性。11月，邀请俞仲清作名为《关于日食的科学知识》的报告，使边区老百姓对日食、月食等自然现象有科学的认识。在伽利略逝世300周年和牛顿300周年诞辰之际，延安自然科学研究会先后召开纪念大会，举办纪念讲座。延安自然科学院、中央党校、马列学院等院校为推动科学知识传播，还专门开设和讲授《自然科学概论》《自然科学史》《最新自然科学简介》等课程，以提高学生的科学素养。

三、兴办科技教育

早在苏维埃初创时期，中国共产党就开始了发展文化教育事业的尝试。中央到达陕北后，为适应抗战形势和边区建设需要，1939年1月，陕甘宁边区第一届参议会通过了《发展国防教育 提高大众文化 加强抗战力量案》，提出发展边区教育的措施，即"创设技术科学学校，造就建设人才"。1940年8月，中央明确提出，"为了提高边区的生产，改善人民卫生及培养职业教育的师资，提议设立农业学校、畜牧学校、手艺学校、中医学校"。为此，边区先后创设了延安自然科学院、中国医科大学等高等学校和边区农业学校、延安药科学校等一批中等科技学校，逐步形成了新民主主义教育的发展模式，并促进了边区科技教育的深入发展，所形成的教育体系为新中国的教育发展积累了经验。1938年1月，晋察冀边区军政民代表大会，遵照《抗日救国纲领》规定的必须实行"抗日的教育政策"的精神，所通过的《文化教育决议案》规定了文化教育工作的基本方针和任务，即要造就专门的技术人才，建设各项事业，扩大民族革命的基础力量，提高群众的政治觉悟和文化水平，并对举办各种干部训练班、各种技术人才训练班都提出了要求。

1. 西北医药专门学校和陕北公学

西北医药专门学校由陕甘宁晋绥联防军司令部卫生部和陕甘宁边区政府民政厅卫生署合办。1946

年3月筹建，5月建成。校址设在延安桥儿沟。6月1日，医专举行了开学典礼，林伯渠出席表示祝贺。毛泽东题写了贺词："努力奋斗，光明在前。"医专校长为曾育生，副校长由边区医院院长马荔兼任。

为了战胜日本帝国主义，中共中央于1937年7月决定创办陕北公学，确定办学宗旨和培养目标是"实施国防教育，培养抗战人才"，将理论和实际相联系确定为教学工作的原则。1939年6月，中共中央将陕北公学、延安鲁迅艺术学院、延安工人学校、安吴堡战时青年训练班四校联合成立华北联合大学，开赴华北办学。1948年春，中共中央决定将华北联合大学与他校合并成立华北大学，以便扩大办学规模，为迎接全国解放培养大批建设干部。

西北医药专门学校旧址

1948—1949年，先后组建北京农业大学、北平外国语学校（北京外国语大学的前身），以及筹建、创立了一些艺术院校和剧院等。

1949年10月，中华人民共和国成立。12月16日，中央人民政府政务院决定，组建中国人民大学。1950年10月3日，以华北大学为基础合并组建的中国人民大学正式开学，成为新中国创办的第一所新型正规大学。

2. 延安自然科学院

为了实现抗战建国的目标，最先成立的研究机构是延安自然科学院，承担着边区的教学和科研重任。1943年，自然科学院并入延安大学，成为延安大学的一个独立学院，在教育战线和科技战线上对边区建设发挥了重要作用。

1939年，中共中央决定在延安创办第一所科技类的高等学校——自然科学研究院，1940年春改为延安自然科学院。李富春（1900—1975）、徐特立、李强（1905—1996）先后担任院长。学院"以培

上 成仿吾在陕北公学讲课
下 延安自然科学院的学员在做试验

养抗战建国的技术干部和专门技术人才为目的"，坚持理论联系实际的教学方针。"实事求是，不自以为是"是徐特立的重要办学理念，于 2010 年 8 月 26 日被北京理工大学党委（其前身为自然科学研究院）确定为该大学的学风。学院设有大学部和中学部，其中大学部设有物理、化学、地矿和生物四个系。为适应教学和科学研究的需要，还建立了机械实习厂、化工实习厂、化学实验室和生物实验室等。

徐特立院长积极提倡学术思想自由，大力开展学术讨论，推动科学研究，并提出了科学教育、科学研究和经济建设相结合的思想。学校组织师生进行科学考察，参与边区的经济建设工作，为抗战建国做出贡献。例如，学院教师乐天宇组成 6 人的森林考察团，对 15 县的森林状况做了全面的调查，并写成考察报告，提出了边区森林建设的建议。此外还进行了 3 次植物考察活动，采集到植物标本上千件，分 101 科，313 属，510 种，编成《陕甘宁盆地植物志》，这是第一部关于陕甘宁边

上 李富春
中 李强
下 徐特立的题词

区植物考察和研究的著作。他们还向党中央提出了开发南泥湾的建议和方案，对此，毛泽东专门找乐天宇了解情况，为后来三五九旅在南泥湾垦荒提出了有益的参考。生物系还对边区的药材、地方病等进行了调查，编成《陕甘宁边区药用植物志》一书。这些考察活动对促进边区经济建设发挥了重要作用。

抗战胜利后，延安自然科学院曾先后辗转到河北张家口和井陉，进北京后划归中央人民政府重工业部领导。1950年9月，华北人民政府教育部将中法大学校本部及数理化三个系合并到华北大学工学院。1951年11月，中央人民政府教育部将华北大学工学院改名为北京工业学院。1988年，学校更名为北京理工大学。

3. 培黎工艺学校

甘肃山丹曾是一个"国际化"的城市，古代的经商者常常途经此地，来往于中外各地。1944年冬，新西兰人路易·艾黎（Rewi Alley，1897—1987）与一些国际人士来到山丹，也把原址位于陕西双石铺的培黎工艺学校①迁到山丹。在毛泽东、周恩来和宋庆龄的帮助下，路易·艾黎与斯诺一同商议建立工业合作社，创办职业学校和培训中心，他们的工业合作社一度发展到3000多个。他们生产军布、军毯、毛巾、纸张、肥皂、陶瓷、药品和小型武器，仅军毯就生产了上百万条。为了给中国培养医

---

①培黎学校培养学生达4300多人，学生中有许多失业工人和农民。培黎学校是为了纪念国际友人培黎（Joseph Bailie）而建立的，并寓意为中国的黎明而培养新人。学校的教师有来自新西兰、英国、美国、日本和加拿大等国的人士，他们大部分是技术人员。他们放弃国外的优裕条件，来中国工作（无工资）。

埃德加·斯诺与路易·艾黎

务人员，路易·艾黎聘请新西兰医生斯宾塞和巴布拉夫妇来学校任教。路易·艾黎未婚，但他把许多难童视为亲人，为他们操劳生活，把他们培养成"手脑并用"的人才。

4. 晋察冀的科技教育

为满足社会的实际需要，晋察冀边区开了办职业技术教育学校。这对我国传统教育也是一个重大革新。抗战期间，晋察冀边区兴办的中等与专科以上学校有上百所，其中 20 多所是开展职业技术教育的院校。抗战胜利后，又兴办中等和专科职业技术教育学校近 70 所，培养学生 13 000 余人。从 1938 年起，边区还创办了一些干部学校，如 1939 年秋成立的"抗战建国学院"，培养具有实际工作能力的区级行政工作和专门技术人才。诸如抗大二分校、华北联合大学、抗战建国学院、工业交通学院、白求恩卫生学校、白求恩医科大学、军医军政干部学校、边区行政干部学校、铁路学校、边区工专、边区农专、边区商专、冀东建国学院、热河内蒙学院、军政干部学校等都是在抗战期间创办的。这些各具特色的职业技术教育卓有成效，为抗战培养了大批急需的应用技术人才。1944年，边区基本实现了村村有民校的目标。晋察冀边区形成了以掌握科学为荣耀、以学习科学为时尚的良好民风，并提高了民众的科学文化素养，也对党的中心工作起到了有力的配合和推动作用。

边区课本也进行了修订。学校课本增加了数理化生、自然地理、医疗与军械等内容；课本结合生产需要，增加了怎么选种、浸种、耕作及防除病虫害等科技知识；学校讲授防旱备荒、植树造林等技术；阜平把二十四节气作为授课内容，还在农作物压绿肥时讲解肥料的种类、用途及造绿肥的方法；完县（现顺平县）将"一步三棵苗""谷要稀，麦要稠，玉米地里卧下牛"等农谚纳入课程；中小学校建立了植物标本箱或标本室，或直接把植物摆到课堂上。

四、引进科技人才

党中央一直高度重视人才工作，把发展边区文化教育事业作为党的一项重要任务，制定了一系列有利于吸收和培养科技人才的方针政策。抗战开始，吸引了各地的知识分子奔赴各根据地。

1. 人才政策

中国共产党注重对科技人员的优待和管理，制定了一系列有利于吸收和培养科技人才的政策。1941年4月，中央军委发布了《关于军队中吸收和对待专门家的政策的指示》，指出"对于特殊的人才，不惜重价延聘。

要尽可能购置他们所需要的科学设备，在战时要尽力保证他们的安全"。《解放日报》也发表社论，要"虔诚欢迎一切科学人才来边区，虔诚地愿意接受他们的教益"，所有这些为开展自然科学研究和使用科技人才创造了有利条件。此外，边区政府还颁发了《关于建设厅技术干部待遇标准的命令》（1942年5月）、《文化技术干部待遇条例》（1942年5月）和《1943年度技术干部优待办法》（1943年3月）等文件，对不同的科技人员给予一些物质和精神上的优待与帮助。

1938年1月，在阜平县城召开的第一届军政民代表大会上，决定设立秘书、民政、财政、教育、实业、司法等6个部门，宋劭文为主任委员，胡仁奎为副主任委员，娄凝先为秘书长，而实业厅厅长和教育厅厅长分别由张苏和刘奠基兼任。实业厅主要负责边区农业、工业生产等实业的发展安排，教育厅主要负责在边区开展民众教育工作。

1939年1月，中共中央北方分局认为：边区要大力发展文化教育事业，深入群众开展科普教育活动，吸收知识分子，并将知识分子送到部队中去，以提高部队的战斗力。

为适应边区经济文化事业发展的需要，党和政府制定了《网罗技术人才》等文件，积极吸引科技人员来边区工作。许多科技人员投身于边区建设，不计报酬，不怕艰苦，为实现边区经济的自给自足、实现科学家的人生信仰而奋斗。到延安的科技人员，陈康白、

恽子强

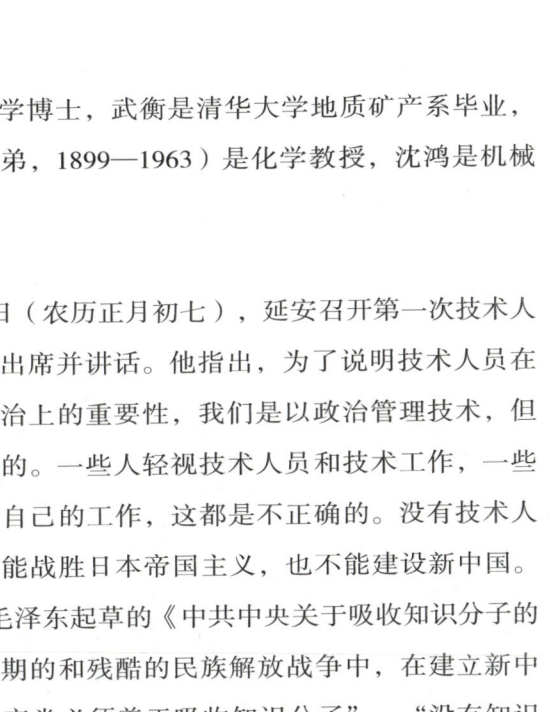

屈伯川都是留德的化学博士，武衡是清华大学地质矿产系毕业，恽子强（恽代英的弟弟，1899—1963）是化学教授，沈鸿是机械专家。

1939年2月25日（农历正月初七），延安召开第一次技术人员新春晚会，毛泽东出席并讲话。他指出，为了说明技术人员在政治上的地位，在政治上的重要性，我们是以政治管理技术，但没有技术的政治是空的。一些人轻视技术人员和技术工作，一些技术人员自己也轻视自己的工作，这都是不正确的。没有技术人员和技术工作，就不能战胜日本帝国主义，也不能建设新中国。1939年12月1日，毛泽东起草的《中共中央关于吸收知识分子的决定》指出："在长期的和残酷的民族解放战争中，在建立新中国的伟大斗争中，共产党必须善于吸收知识分子"，"没有知识分子的参加，革命的胜利是不可能的"。这些都为党制定吸收、重用、优待科技人员政策提供了依据。

1939年1月，边区政府主席林伯渠在《陕甘宁边区政府对第一届参议会的工作报告》中指出："开办实用科学研究所，以发展工业、植物、土木工程、动物、化学、地质等的科学研究，造就科学人才，以供应发展国防经济之需要。"

《陕甘宁边区施政纲领》提出："奖励自由研究，尊重知识分子，提倡科学知识和文艺运动，欢迎科学艺术人才。"这一年召开的陕甘宁边区第二届参议会又通过了《发展边区科学事业案》，为开展自然科学研究和使用科技人才创造了有利条件。此外，中央书记处做出《中央关于党员参加经济和技术工作的决定》，号召党员"诚心诚意地学习和熟练于自己的技术，使各部门建设工作得到发展"。同时，要求党员要向专门家学习技术。

在晋察冀，边区行政委员会颁布的《晋察冀边区奖励生产技术条例》，涉及奖励目的、奖励范围、奖励种类、奖励原则、奖励标准、奖励申请途径等内容；颁布的《晋察冀边区优待生产技术人员暂行办法》提出：对于农、林、牧、水利、矿业以及各级技术人员实施奖励办法。此后，晋察冀行政委员会还先后制定了《晋察冀边区善待技术干部办法》和《晋察冀边区修订优待技术干部办法》。1948年4月13日《晋察冀日报》发出了冀中行署招聘技术人才、奖励技术发明的通告。号召技术专家中对技术上有创造的，可由发明创造人写明研究经过、技术成功的结果，报行署审查，政府将根据其技术成果大小予以奖励。由此种种，对科技发展起到了促进作用。

边区政府于1942年3月3日发布了《晋察冀边区优待生产技术人员暂行办法》，1945年11月1日发布了《奖励技术发明暂行条例》，1946年重新修订发布了《晋察冀边区奖励技术发明暂行条例》，这些文件中含有大量鼓励科普和反对迷信的措施。同时利用《晋察冀日报》等媒体大量宣传科学常识,增加民众对自然界的认识。在晋察冀边区,科学技术在农业生产、工业制造、卫生等方面都起到了重要作用,促进了边区的建设。例如,独立研发武器和炸药,在阳泉、井陉、张家口等地开办煤矿,还兴办小学,兴办医疗卫生院,各地还改变了一些不健康的陈旧观念,使人民的健康水平有所改善。

2. 科技英才

抗日战争爆发后,许多科技工作者奔向中国共产党领导的边区,靠着实干精神,自力更生,艰苦奋斗,创造奇迹,为促进边区的经济发展和军工生产出力。恩格斯认为:"暴力不是单纯的意志行为,它要求促使意志行为实现的非常现实的前提,特别是工具","在任何地方和任何时候,暴力的胜利是以武器的生产为基础的"。抗战中的武器装备不容忽视,为此,边区引进与培养了一批科技人才。

抗战初期,晋察冀边区政府积极开展医疗卫生以及群众保健工作,组建边区的医疗卫生团队,先后组建了军区卫生院和各地卫生所。到1945年,边区的医疗卫生合作机构达114个,医生也多达五百余人。这些医生中还有一些国际友人,如白求恩、布朗、柯棣华、巴苏华、爱德华等。白求恩和柯棣华为中国人民的民族解放事业献出了宝贵的生命。1939年9月,军区卫生学校正式成立,将具有医学专长的学者组织起来搞教学,以培养医疗人才,白求恩亲自编写了《外科教材》。1942年,为了纪念白求恩,该学校改名为白求恩卫生学校。这是晋察冀边区创办最早的卫生学校。

林迈可①受到白求恩的影响，开始帮助北平附近的抗日武装购买和运输药品以及无线电装备。1938年，晋察冀边区组装了十几套收发报机，并开始培训通信干部，逐渐建立起了边区的通信系统。1942年2月，林迈

左 林迈可

右 林迈可的聘书

---

① 林迈可（Michael Lindsay，1909—1994），毕业于牛津大学。1937年到北平的燕京大学任教，与他同船的加拿大医生诺尔曼·白求恩与林迈可成为好友。

可受晋察冀军区委托创办无线电高级培训班，培训班招收学员70多人。他本人讲授无线技术原理，班维廉①讲授高等物理、微积分和电磁学，林迈可夫人李效黎讲授英文。在艰难条件下，他们都是从最基本的电学知识讲起。培训班结束后，由于林迈可和班维廉对一些优秀的学员重点培养，晋察冀根据地的无线电工作和教学在他们离开后仍得以持续发展。在延安，林迈可被任命为八路军通信部技术顾问，他克服器材短缺的困难，为中央电台制造了一台大功率的发射机。1941年12月，林迈可夫妇和班维廉夫妇抵达河北平山县境内的晋察冀军区司令部驻地。

班威廉（杨振宁 摄）

① 班维廉（William Band，？—1993），毕业于英国利物浦大学。1929年到燕京大学任教，1932—1941年任物理系主任。

沈鸿（1906—1998）在上海时，与朋友开了一家名为"利用"的作坊。抗战爆发后，沈鸿辗转到达陕甘宁边区，被分配到"陕甘宁边区机器厂"（即茶坊兵工厂），并被委任为总工程师。沈鸿与同事一起设计并制造了供子弹厂、迫击炮厂、枪厂、火药厂和前方游动修理厂使用的成套机器设备134种型号，数百台（套）。为根据地新建或扩建的印刷厂、造纸厂和石油厂等13个民用工厂提供了通用和专用设备400多部（件）。由于陕甘宁边区的生铁原料紧缺，沈鸿便向毛泽东建议，可自己动手炼铁。1943年，军工局指派沈鸿和徐驰负责炼铁工作，经过不断摸索，最终炼出铁来，结束了边区无铁的历史。

沈鸿对陕甘宁边区的工业特别是军工业的建立和发展起到了重要的作用，曾3次被评为陕甘宁边区"劳动模范"和"特等劳动模范"。1942年毛泽东亲笔为他题写"无限忠诚"四个大字的特等劳动模

沈鸿

沈鸿从上海带到延安的铣床

沈鸿（右一）和部分技术人员在安塞茶坊合影

范奖状。此外，毛泽东与林伯渠亲切地把沈鸿称为"边区工业之父"。

沈鸿为《机械工人》创刊40周年题词

罗沛霖（1913—2011）毕业于交通大学电机工程系，曾经参加大型无线电发射机的研制工作。1938年3月，罗沛霖来到延安，参与创建了边区第一个通信器材厂。此后，罗沛霖和技术工人一起设计研制了可变电容器、波段开关和可变电阻等多种无线电零件，最终成功制造出通信电台。在研制过程中，罗沛霖和工人们克服困难使用猪油代替润滑油，用烧酒代替酒精，用延安山中的杜梨木做绝缘材料。他们在技术上还率先设计使用了波段开关，比当时的苏联还要先行一步。

罗沛霖带领通信器材厂设计、装配、制造了约60台7.5瓦移动电台和1台50瓦发射机。对此，中央军委三局局长王诤开玩笑说：有了罗工程师，我们就不再是"土八路"了。鉴于罗沛霖和通信器材厂的突出贡献，毛泽东还亲自给通信材料厂题词："发展创造力，任何困难可以克服，通信材料的自制就是证明。"

钱志道（1910—1989）毕业于浙江大学化学系，1938年到达延安，在中央军委军工局工作，任化学总工程师。为了建立起边区的化学工业，钱志道与沈鸿一起研究，共同设计制造了多部机器设备。

为了制造无烟火药，钱志道制备出高浓度的酒精，纯度达98.5%，并生产出"强棉"（即含氯量高的硝化棉），用它制造的手榴弹，提高了爆炸力，成为化学厂的一大发明。钱志道还主持设计和安装了硫酸（铅室法）、硝化甘油（硝化喷射分离器法）、硝化棉（汤姆逊法）的生产设备。他借助电解法研制出氯酸钾，使边区的火药和火柴制造得到了重要原料。此外，钱志道和华寿俊研制出了钞票纸，解决了边区印制纸币的问题。

由此，钱志道被誉为创立边区基本化学工业的模范工程师，两度被评选为边区"特等劳动英雄"，毛泽东曾接见他并亲笔题词"热心创造"。

右 在延安的合影（左起：钱志道、沈鸿、宋少华、毛远耀）

左 青年时的罗沛霖

张珍（1909—2004）曾于燕京大学和辅仁大学化学系学习。抗战初期，张珍参加了吕正操领导的人民自卫军（八路军），并动员汪德熙①、张方②等人来冀中工作，为敌后根据地的建设做出了贡献。1938年9月，汪德熙带领爆破小组在平汉线（北平到汉口）铁路埋设炸药筒，汪德熙亲自动手引爆了炸弹，炸翻了日军的军列。

在张珍的带领下，科技人员突破了硫酸、硝酸和乙醚等一系列化工原料的生产技术难题，掌握了硝化棉、无烟火药的制造技术，并且借助蒸锌炼出黄铜，为自制子弹打下了基础。根据地还逐步形成了较为完整的武器弹药生产体系。当时除钢材之外，主要的原

① 汪德熙（1913—2006），清华大学化学系研究生，我国核化学与核化工事业主要奠基人之一。

② 张方，燕京大学物理系研究生毕业，长期从事军工科研工作，曾任机械科学研究院副院长。

张珍（前排左一）在辅仁大学毕业时与全班同学的合影

材料都能在根据地自产了。

最早来到晋察冀根据地的专业医疗人员是殷希彭（1900—1974）。他于1926年毕业于河北大学医科，后去日本攻读病理学，获博士学位后回国，受聘为河北医学院的病理学教授。1938年，殷希彭参加八路军，后来他的一些同事和学生，如刘璞、陈淇园、张文奇、张禄增等人也先后到冀中参加抗战。殷希彭主要担任医学教育工作，为根据地培养了不少医务人员。

陈凤桐（1897—1980）曾经在保定学习，后去日本攻读农业经济。1936年参加中国共产党。抗战初期，陈凤桐组织流亡学生参加八路军。1941年，聂荣臻调陈凤桐任晋察冀边区行政委员会农林牧殖局局长。陈凤桐还兼任边区自然科学界协会理事长，为农林科普教育做出了贡

于河北唐县葛公村白求恩卫生学校，左起：殷希彭、柯棣华、傅莱、江一真

献。陈凤桐在边区创建农场和林场，进行农作物的育种和栽培实验，选育和改进了小麦、水稻、玉米和小米种子，进行家畜繁育、护林和造林工作，还兴修水利等。他注重现代科学的指导，重视科技的推广和普及科学知识，重视培养技术干部。1944年12月2日，陈凤桐在《解放日报》发表了《北岳区的农业推广》长篇文章，系统总结了1941—1944年农林牧殖的科普工作经验，使晋察冀边区的经验在全国得到了推广。

清华大学物理系的熊大缜在清华大学理学院院长叶企孙的支持下，抱着抗战救国的愿望来到边区。熊大缜还联系京津学子进入边区，利用科技知识推动军事装备的发展。这些专业人士参加组建军械修理所和武器制造厂等，他们还研发了适合边区作战特点的武器装备，如边区独特的作战方式地雷战，便是在熊大缜、门本忠等科学家的指导下，通过举办技术推广活动，传授给边区民众。巧妙的地雷战取得了巨大的战果。边区群众中涌现出大批地雷专家和地雷英雄，如太岳地

上 晋察冀边区行政委员会旧址

下 熊大缜（左三）与叶企孙（左二）

第三章 边区科学技术的发展

区的李勇、李混子等。群众还不断地进行地雷的改进工作，研制出"石头雷""脱衣雷"等新式地雷。他们还创新埋藏方式，充分发挥地雷的作用。

吴运铎（1917—1991）是新四军兵工事业的创建者和新中国兵器工业的开拓者。他少时的理想是当机械工人。抗日战争爆发后，他参加了新四军（1938年），1939年加入中国共产党。吴运铎利用简陋的设备研制出杀伤力很强的枪榴弹和发射架，在抗日战场上发挥了作用。他带着7个学徒，先后发明、制造了各种地雷和手榴弹，修复了大量枪械。为研制子弹，吴运铎将红头火柴的火药刮下来合成火药。为造弹头，他把铜圆放在弹头钢模里压成空筒，弹头中灌上铅，每年为前线生产子弹60万发。

右　吴运铎为萍乡煤矿九十周年题词
左　吴运铎

《把一切献给党》

1952年，吴运铎出版自传体小说《把一切献给党》，鼓舞了一代代青年人。2009年，吴运铎被评为100位为新中国成立做出突出贡献的英雄模范之一。

抗战时期，科技人员也做出了重大的牺牲。张方在试验制造雷管时被炸掉了三个手指。阎裕昌（清华大学物理系仪器保管员，技艺超群，研制成功电雷管）被日军杀害。吴运铎曾经4次负重伤，4根手指和1条腿被炸断，左眼被炸失明，被誉为"中国的保尔·柯察金"。

五、科学技术的发展

1. 农业技术

科技人员深入到田间地头，将农业科学技术直接运用到农业生产中，通过农村技术组织、农家带头示范户以及配套的科技奖励政策完成了科技与农业生产的结合，成为边区科技发展的一大特点。

1942年6月12日，晋察冀边区自然科学界协会成立之时，陈凤桐在《自然科学界》创刊号上发表《农业推广和普及科学思想》一文，他指出：科技人员关注的"是努力普及科学思想、普及科学知识的问题，是大量地培养技术干部的问题。用最大的力量进行艰苦的宣传教育工作，首先使县区级政府干部有科学的生产思想和生产知识，有千百个忠实传递科学技术的干部，站到各级政群实业工作岗位上，一道技术命令或一个技术小册子，能为他们掌握运用，能为他们喜欢掌握运用。那些简而易行和目前能够推行的推广材料，直接间接每年何止增加我们千百万的财富"。

1938年，晋察冀边区军政民代表大会关于经济发展的专题会议提出了改进农业生产的要求，具体给出了农业发展的规划。如修建水利灌溉设施；发展农村手工业，改造纺织机具，推广纺织技术；改进农具；发展造纸业，奖励技术工人等。技术人员发明了"五一"水车、单籽播种机和玉米脱粒机等；太岳地区的阴子荣制造了滑轮犁，可减轻对地面的摩擦力；三角耙、机械脚踏犁等农具也都在技术专家的指导下进行了改进。边区还开办水利人员训练班，如察哈尔地区开办水利培训班，开设的课程包括勘察、测量、绘图、设计以及水利行政、组织、开发、管理等内容。边区还流行着《造井防天旱》的民歌，"无水多开渠，无渠多造井；造井防天旱，气瞎龙王眼"。这些都帮助边区群众树立起科学的发展观念。

为了促进边区的经济建设，各个科研机构积极从事基础应用研究，使科技理论与生产实践紧密结合。在棉花种植方面，延安自然科学院农业系与光华农场深入农村，进行试验，找出了在边区种植棉花的合理办法，提出了一套栽培技术。陕甘宁边区农业科技人员还引进推广了狼尾谷、金黄后玉米、黄皮与白皮马铃薯、老黑豆、黑麦、烟叶、红皮花生等许多农作物优良品种，深受边区农民的欢迎。

在晋察冀边区的实验农场里，农业专家培育出了一些优良品种，如通过植物杂交试验研制出小麦新品种"燕大72号""燕大1817号""曲阳2号""曲阳3号""阜平1号""曲阳21号"等，还有杂交茄子和番茄等蔬菜品种。林业技术上也培育出了适合边区种植的果木树种，如抗旱的"靠山黄"平山栗。还引进了生长期较短、产蛋多的来航鸡，引进了美利奴羊和瑞士羊等畜种。科技人员还进行了驴、骡、马的人工繁殖试验，对边区农业发展发挥了作用。

对于农业病虫害防治，边区大力普及灭蝗知识，在报纸上介绍挖蝗卵、打蝗蝻和坑埋火烧蝗虫等灭蝗方法。《晋察冀画报》还刊登专员或县长带头除蝗的报道，在民众中影响很大。在治蝗工作中，边区发动群众和机关干部，科技人员开展除蝗和治蝗技术普及教育，发明了治蝗的坑杀法、扑杀法、打杀法、诱杀法、擒杀法、火把阵、长蛇阵、响铃阵、泼水、涂毒等方法。

为解决煤油和汽油需求不足的问题，1941年，晋察冀边区的技术人员成功制造植物油，并发明新型的植物油灯，比起煤油灯可节油10%，这是边区具有节能效益的三大科技成果之一，被大力推广。边区政府重视（手）工业的发展，以保障豆粉、面粉、甘油、骨粉、制糖、酒精、蜂蜜、纸烟、燃料、制药和肥皂等食品和生活品的供给。晋察冀边区进行了技术改进与推广。例如，平山全县的纺车有 15 469 辆，织布机 3028 台，油坊 104 座，豆腐坊 365 个，药铺 38 个，染坊 25 个，花坊 117 个，水磨 16 台，小磨 383 台，木匠合作组 23 个，铁匠铺 21 个，从事编织者 555 人，从事运输者 500 多人，还有制硝、皮革、粉坊等业，基本实现了自给自足。1942 年 8 月研制成新电池，缓解了边区电池的短缺问题。

在造纸业方面，为解决造纸原料问题，科技人员用遍地野生的马兰草作为造纸原料，既简便又省时，"一张马兰草纸的产生，经过选料、切断、煮浆、压碾、洗浆、挠纸和晒纸七道工序，比麻造纸简便，而且节省时间得多，全部过程仅需一两天的工夫，而造麻纸则需几天"。新的研究成果大大提高了边区纸的产量，并受到了党中央、边区政府的表扬。后来《解放日报》和毛泽东的《论持久战》和《论联合政府》等都是用马兰纸印制的。晋察冀边区的双十造纸厂还以白草和麦草为原料生产纸张，宣化纸厂生产的纸张品质精良，光滑耐用，满足了报纸印刷用纸。北岳区的纸厂有 10 个，冀中区也做到"纸张自给"。民众还以合作形式经营纸厂 43 个，月出纸 280 万张。为此，诗人徐明于 1939 年写下了一首优秀的科普诗歌《马兰草》：

马兰草，马兰草，紫花像蝴蝶，绿叶长条条。长在荒山道，对着牛羊笑；不供雅人瓶里插，倒是造纸好材料。结实的马兰纸，印成书和报，建设人民新文化，你有大功劳！马兰草，野生的草，有用的草，你在我眼里最美好！

在印刷方面，由最早的石印逐步发展为铜版印刷。1942 年，行署工具厂可自制油墨滚轴，提高了印刷质量。宣化印刷厂工人王德明发明的新型字模，加快了印刷速度。边区还研制成功照相制版设备、铜版纸以及油墨等。晋察冀边区银行还开办了印钞厂，经培训的手工印刷工人，每天人均印数可提高两倍之多，可满足边区货币的印刷需求。

2. 工业技术

在党中央的领导下，通过科技人员的研究和实践，解决了工业发展面临的许多技术难题，推动了边区工业的发展。1944年5月，毛泽东在陕甘宁边区工厂厂长及职工代表招待会上指出："我们陕甘宁边区的工业建设，也和其他一切工作的目的一样，是为了打倒日本帝国主义……要打倒日本帝国主义，必须有工业；要中国的民族独立有巩固的保障，就必须工业化。我们共产党是要努力于中国的工业化的。"为了边区工农业生产的发展，科技工作者解决了许多技术难题，生产各种手术用具，试制酒精，提炼薄荷油供给前方；前方食盐紧张，科技人员就勘测能够进行采盐的新井。到1944年年底，民用工业中毛巾、肥皂、火柴、袜子、纸张、陶瓷等生活日用品已能全部或部分自给。

山西的煤矿、辽宁和察哈尔一带的铁矿都为边区化学、化工、冶金及军工发展提供了一定的物质基础。例如，技术人员利用无烟煤块作为燃料，解决了炼焦的难题。在矿产资源方面，延安的地矿学会对边区的矿产资源进行了考察，不仅了解了边区地质结构，解决了一些矿产开发的问题，而且收集了大批岩石矿物标本，具有重要学术研究价值。

1937年，来自天津工学院的化学专家李彪辰研制成功制革用的化学原料铬明矾的替代品，即以橡树子外皮为原料提取出化学物质单宁酸，满足了制革业化学药剂的供应。他带领众人，建成晋察冀边区的制革厂，形成了一套熟练的生产工艺。所生产的底革或皮带，颜色、手感、软硬度、延展性都达到了较高的水平。王裕利用芒硝为原料生产纯碱，利用当地的石英砂和芒硝生产了玻璃，既满足了边区化学发展对于玻璃的需求，也满足了医疗卫生建设及边区民用的需要。

在纺织业方面，陕甘宁边区科技人员改进丝织和漂染技术，改良旧纺车，发明一种"加速轮"，提高了纺纱效率。针对晋察冀边区传统手工业进行了技术革新，如改良木机、轧花机、捻毛机和脚蹬纺纱机等设备，并进行了重点推广，使得当时的白土布、花褥面、芝麻呢、方格布、驼毛衣、斜纹手巾和丝手绢等纺织品的质量显著提高。晋察冀边区于1939年9月成立裕华造机厂，以制造纺纱机，该厂月生产纺纱机8~10架，并且推广使用44线纺纱机。1942年，仅冀中地区就有纺车28 946辆，织布机5879架，几乎每人一台纺车，每家一架织机，许多村庄的织布机达上百台。月产量也达到纺纱29 324斤，织布15 698匹。此外，组织妇女进入被服厂，参与服装缝纫、制造鞋帽、缝制棉被等手工生产活动，并在边区推广用缝纫机加工衣服的技能。

晋察冀边区还建立了肥皂厂、中草药厂和小型织布厂，还有一些小型作坊，如油坊、铁匠炉、水磨坊、烧灰厂、烧砖厂、烧碗盆的陶瓷厂等。双十制陶厂还生产了众多的陶瓷制品，还能制造体积较大、形状各异的陶制品，支援了边区制酸、制硝和制革的生产。

科技人员还改变了过去简陋的农业生产技术和工具，促进了农业生产的发展。工业技术的发展也很快，相继建立了机械制造、纺织、炼铁、印刷、陶瓷、玻璃、化学等十余个工业部门。在建筑方面，以杨家岭中央办公厅大楼和中央大礼堂的设计最为有名，设计者都是延安自然科学院的杨作才。经过科技工作者的共同努力，边区经济建设取得很大成就，为抗战胜利奠定了重要的物质基础。

3. 军用技术

1941年4月，中央军委发布的《关于军队中吸收和对待专门家的政策的指示》指出："一个军队没有大量的专门家（军事家、工程师、技师、医生等）参加，是不可能成为一个有力量的组织（军队）的"，"对于特殊的人才，不惜重价延聘。要尽可能购置他们所需要的科学设备，在战时要尽力保证他们的安全"。1941年11月7日，中共中央军委又做出了关于军事建设的指示，要求边区大力发展军事工业，提升军队的战斗力。抗战爆发后，边区克服了种种困难，以发展军工技术。先后建立起几十个修械所，可以修理枪械和翻造子弹等，经过发展之后也能生产手榴弹和地雷。这使边区军事工业得到飞速发展。当时的茶坊兵工厂自行设计制造出第一支七九式步枪，接着又制造出火药、炸药、枪弹、掷弹筒、手榴弹、地雷等各种武器弹药。

半自动步枪能使枪手方便地自动装填枪弹，可以大幅提高枪械的效率。"二战"时期，只有美国在"二战"中后期全面换装了加兰德式半自动步枪，苏联和德国则部分装备了半自动步枪。为了增强八路军的火力，1944年年底，晋绥军区后勤部工业部一厂温承鼎、武元章和刘万祥等人开始研制半自动步枪。该枪采用导气式自动原理，利用废枪管在枪身右侧增加了活塞筒和活塞杆等部件，并将活塞杆与拉机柄根部相连，实现了半自动射击。枪口处还装有一个防跳器以抑制射击时枪口的跳动。经实弹射击,样枪满足了实战的要求。遗憾的是，该枪并未生产，仅制造了几支，但为我国研制半自动步枪进行了一次重要的尝试。

1946年7月21日，120师政委关向应在延安病逝，职工们为了纪念他，决定将这款步枪命名为"向应式"半自动步枪。中国人民革命军事博物馆现收藏有一支向应式半自动步枪。

军队后勤如物资的补给、医疗的改善，都得到边区科技专家的助力。如开办被服厂以解决战士的被服供应；为了伤病员的护理，除了创办军区医院，还通过冬学及学校教育推广清洗及伤口包扎技术，如擦血迹、上药包扎、喂水、喂饭等，进行科学合理的医治，减少伤员的伤痛。

在张珍的领导下，边区工业部研制成功人造汽油、灯油和擦枪油等，还能生产肥皂以及润滑油、油墨等产品，满足了军民生

向应式半自动步枪

活的需要。晋察冀的科技人员还先后研制成功多种武器，其中烈性炸药及雷管的研制成功尤为重要。汪德熙和张方采用植物油和矿物油稳定氯酸钾的方法，克服了氯酸钾化学性质活泼、难以制作炸药的困难，最终找到了生产安全稳定的氯酸钾混合炸药的方法，并试制成功了电雷管。张方和高镐亭还冒着生命危险，研制成功雷银纸代替雷汞，克服了军队在爆破武器上的障碍。工业研究室的化学专家还研制出黄磷和赤磷，解决了底火材料的问题。

当时的军工负责人刘再生带领边区的技术专家把收购上来的硫黄和土硝制成浓硫酸，再利用浓硫酸和纯净的火硝加工成硝酸。此后又研制成功酒精、乙醚、硝化棉等重要的化学原料，为边区研发弹药打下了基础。还以动植物油为原料制取了甘油，使炸药的性能得到了进一步的改善。军工技师韦彬成功研制无烟药，还培养了多名技工，被选为边区军工技师的标兵。彭长山苦心研究白口铁铸件闷火软化冶炼工艺，解决了炮弹弹体机加工的关键技术问题。铜和锌是子弹和手榴弹的重要材料，边区冶金专家研制出纯度很高的电解铜。子弹生产的工艺复杂，胡大佛带领工程技术人员利用丝杠压力机进行子弹冲压，反复试验，生产出合格的子弹，并利用碾压机和冲模机械加工成子弹的初坯。边区冶金技术人员改进了打制刺刀方法，提高了硬度，也提高了效率。

由于军工技术的发展，晋察冀工业部先后造出子弹、手榴弹、地雷和迫击炮弹，而且能生产掷弹筒弹、枪榴弹、跳雷、子母雷、定向雷和飞雷等弹药。飞雷的制造是边区军事技术发展的一项成就，它是专门用来攻打碉堡的。这样，军工厂每月可生产"捷克式马步枪（工厂）100支，掷弹筒65个，枪榴弹筒223个，快枪220支，硝酸铵（特别炸药）1340斤，无烟药 500 斤，黑色无烟药 180 斤，黄药手榴弹 10 000 枚，七九子弹（完全自造）19 000 发，复装六五弹 3 万发"。这都大大提高了军队的战斗力。

科学家以一技之长报效祖国。边区的知识分子发扬热爱祖国、不畏困难、报效人民的精神，实现人生价值。科学技术在晋察冀边区得到了较快的发展，使农业、军工、轻工、医疗卫生、科普教育取得了很大成就。

在边区的发展中，科学技术发挥了重大的作用，大大促进了经济建设、文化教育和军工的发展，保证了抗战物资供给。科学技术还大大提高了边区生产力的水平，改变了边区落后的面貌，并且巩固了边区党和政权建设，提高了人民对党的信任。

在战争的年代，为了取得战争的胜利，科技工作者与党和人民群众和衷共济，成为战胜一切困难的动力源泉，科技人员的奉献精神、爱国情怀和科技报国的追求，也能够得到实现。解放区确立了以科学技术带动社会发展的基本方针，科学技术助推着解放区农业、工业、军事、文化教育、医疗卫生等事业的发展。科技是实现解放区经济自给自足的元素之一。广大科技工作者身怀技术深入边区，发展科技事业，实现了自身的人生价值。解放区抗战中的每一张纸、每一发子弹、每一台机器、每一粒盐、每一颗纽扣，都渗透着科技工作者的智慧和汗水。解放区科技事业繁荣，稳固了党在边区的领导地位，提高了政府的信誉，还为新中国的科技工作积累了管理经验。

第四章
新中国成立初期的科普工作

中国共产党经过20多年的艰苦奋斗,历经曲折,终于建立了中华人民共和国。为了发展中国的经济、工农业、文化教育和医疗卫生事业,为了加强中国的国防力量,广大科技工作者积极参与新中国的建设事业。20世纪50年代至70年代,科技的发展受到国力的限制,这一阶段的任务主要是打牢基础。为此,为了提高全体人民的科学文化素质,大力开展了科学普及工作。应该说,这个时期的科普工作是最为活跃的。面向城市的科普工作主要由政府的有关部门、科技团体、高等院校和新闻出版单位分别或联合进行。科普的方式主要是举办各种综合的或专题展览,在报纸上办科学副刊,在广播电台办科普节目,在文化馆、劳动人民文化宫以及科研单位、高等院校办自然科学讲座。

1949年9月,中国人民政治协商会议第一届全体会议在北平

《共同纲领》

举行。全国政协会议通过了《中国人民政治协商会议共同纲领》（简称《共同纲领》）。对于科技工作，《共同纲领》做出规定："努力发展自然科学，以服务于工业、农业和国防的建设。奖励科学的发现和发明，普及科学知识。"科普工作也得到国家的重视。开展科普工作，除了要有一支雄厚的专群结合的科普工作队伍之外，还建设了适于广大群众参与的活动场所。

一、"科代会"和"全国科普"

中华人民共和国即将成立之际，中国科学工作者协会香港分会首先倡议召开全国科学会议并建立全国科学工作者的组织，得到中国科学工作者协会理事会在北平的理事和北平科技界的响应。为团结教育科技工作者，中共中央特邀请科技界派代表参加中国人民政治协商会议，并同意筹备召开中华全国自然科学工作者代表会议（简称"科代会"）。

1949年5月14日下午，科代会第一次筹备会议在北京举行，各界知名人士和代表共同组成科代会的筹备委员会。6月19日，

中华全国自然科学工作者代表会议

科代会的筹备委员会开会，中国人民解放军总司令朱德、中华全国总工会主席陈云和中共中央委员林伯渠出席会议并讲话。7月13日举行科代会筹备委员会全体会议，中共中央和人民政府领导人、各民主党派代表及各界人士周恩来、徐特立、李济深、郭沫若、叶剑英、茅盾、史良、谭平山等出席会议。吴玉章致开幕词，徐特立、叶剑英、李济深、郭沫若等相继致辞，周恩来在下午的大会上讲话。会议选出参加中国人民政治协商会议的正式代表梁希（林学家）、李四光（地质学家）、侯德榜（化学家）、贺诚（医学家）、茅以升（桥梁学家）、曾昭抡（化学家）、刘鼎（军工专家）、严济慈（物理学家）、姚克方（医学家）、恽子强（化学家）、涂长望（气象学家）、乐天宇（农学家）、丁瓒（心理学家）、蔡邦华（生物学家）和李宗恩（医学家），共15人，候补代表靳树梁（冶金专家）和沈其益（农学家）2人。会议还选出科代会筹备委员会常务委员会委员25人，主任委员为吴玉章，副主任委员为梁希、李四光、侯德榜、贺诚和曾昭抡，秘书长为严济慈。

1950年8月18日至24日，科代会在清华大学礼堂举行，469名各界代表参加会议。中央人民政府委员会副主席朱德、李济深，

第四章 新中国成立初期的科普工作

政务院总理周恩来、副总理黄炎培等出席开幕式并先后在大会上讲话。会议决定成立"中华全国自然科学专门学会联合会"（简称"全国科联"）和"中华全国科学技术普及协会"（简称"全国科普"）。

在"全国科普"成立的会议上，选举25人为常务委员，梁希为主席，竺可桢、丁西林、茅以升、陈凤桐为副主席，夏康农为秘书长，袁翰青、沈其益为副秘书长，并设立秘书处（朱兆祥为处长，谷超豪为副处长）、组织部（曹日昌为部长，彭庆昭为副部长）、宣传部（周建人为部长，蒋一苇为副部长）和计划委员会（卢于道为主任，裴文中为副主任，还有委员11人，包括董纯才、温济泽等）等部门。

1958年，全国科普与全国科联合并，成立中国科协。9月18日，中国科协第一次全国代表大会在京召开，聂荣臻代表中共中央、国务院做题为《我国科学技术工作发展的道路》的报告。大会通过了4项决议，即关于建

一　梁希

二　竺可桢

三　丁西林

四　茅以升

立"中华人民共和国科学技术协会"的决议;关于将本次大会作为"中华人民共和国科学技术协会第一次全国代表大会"的决议;关于响应党中央号召为提前5年实现"十二年科技规划"而奋斗的决议;关于开展中华人民共和国成立10周年科学技术献礼运动和准备召开全国科学技术发明创造积极分子代表会议的决议。

中国科协第一次全国代表大会会场

除西藏、台湾外,各省、自治区、直辖市成立了省一级科普协会组织27个,一般县、市建立协会组织近2000个。许多地区在厂矿和农村建立了协会的基层组织。据11个省市统计,在1958年6月底,建立基层组织4.6万多个,会员和宣传员达102.7万人,形成了一支相当大的科普队伍。此外,根据《共同纲领》的规定,1949年11月1日,中央人民政府文化部设立了科学普及局(简称科普局),负责和管理全国的科学普及工作。科普局在面向工农兵普及科学知识的总方向上,使科普工作形成一个群众性的运动。

化学家袁翰青任科普局局长，物理学家王书庄任科普局副局长，著名科普作家高士其任科普局顾问。科普局成立后，主要开展计划、推动、联系和组织工作，取得了重要成果。

右 高士其
左 袁翰青

二、科普活动

科普局重视组织讲演活动，重点邀请科学家作"专题报告"或"系统讲座"。从1950年2月中旬到1951年2月共举办了33次，听众达2万多人次，其中中学生平均占半数，解放军战士次之，市民占到20%。讲座内容包含天文、地质、气象、地理、生物、生理、物理、化学、数学和工业、机械等。讲演者包括钱伟长、赵访熊、朱光亚、黄新民、丁西林、林克椿等科学家。

1953年4月，中共中央发布了《关于加强对科学技术普及协会工作领导的指示》。科学知识的宣传对于人民群众唯物主义世界观的形成和迷信保守思想的破除有重要的作用，在国家建设中，群众性的科学普及工作要有更大的发展。因此，科普工作应引起党的重视。各地方党组织普遍加强了对科普协会工作的领导和支持，各省、自治区、直辖市的科普分会相继正式成立，使科普宣传工作经常化。

首都大众科学讲座的讲演者及题目

讲演者	讲演题目	讲演者	讲演题目
钱伟长	怎样学习自然科学	胡文澂	化学的应用
刘良杰	盐	赵访熊	数学的应用
陶宏	太阳月亮星星	王隆甫	煤
李文达	矿是怎样生成的	陈建侯	大豆
张丙辰	华北的气候与人生	王金林	纸
王钧衡	中国的山和水	胡启立	汽车是怎样行走的
丁西林	人怎样说话	王约汉	火车头和发电厂
汪振儒	生物学可帮助我们解决什么实际问题？	侯增寿	机械是怎样制造的
林从敏	劳动的生理	王亮	机械到底是什么东西
郭汝嵩	电的常识	朱光亚	原子能与原子武器
黄新民	什么是化学？化学能替我们解决些什么问题？	让庆澜	电是什么？
赵凯华	电的作用（一）	林克椿	电的作用（二）
朱光亚	太阳的光与热	林克椿	电的作用（三）

1953年，在宋庆龄倡导下，中国福利会在上海成立了中国第一个少年宫，开展了无线电、航空模型和航海模型、化学、金工、气象等活动。北京、天津、武汉、重庆也陆续建立了一批少年宫、

少年科技馆、科技站，许多科学家、教师、大学生都参与了指导中小学的科技活动。一些企业、部队、科研单位还向青少年活动场所赠送科技活动的仪器设备，如北京北海公园内的北京少年科技馆的"红领巾水电站"、金工车间、飞机发动机、玻璃钢船等都得到了这些部门、单位的支援，促进了青少年科技活动的开展。

青少年科技活动逐步成为新中国教育部门和科技团体共同开展的一项有组织的教育活动。1955年，共青团中央和全国科普联合组织"全国少年儿童科学技术和工艺作品展览"（北京），展出了中小学生的各种作品1000多件，得到了周恩来总理和邓颖超的赞扬。周总理称赞浙江省临安县（现杭州市临安区）交口学校的农业科技试验活动开展得好。1958年，交口学校成立了中国第一个"少年科学院"，周恩来在浙江视察时，曾指示浙江省委负责人"一定要把交口少年科学院这朵鲜花培育得更好"，国

左 上海市少年宫

右 庆祝恢复交口少年科学院大会

家副主席宋庆龄也向少年科学院赠送了亲笔题写的镜子。"文革"期间，少年科学院被破坏。1978年3月5日，恢复交口少年科学院大会隆重举行。交口少年科学院的恢复，带动浙江省乃至全国涌现出一大批少科院（校）。

1954年，针对长江、淮河流域的水灾，湖南、湖北和江西的科普协会广泛宣传预防传染病知识、环境卫生常识以及度荒所需的营养知识，还向群众讲解水灾发生的原因和防汛知识。1956年，全国科普发布《关于一九五六年分会工作的指示》，要求省分会应加强县支会的建立与领导，大量吸收中等专业学校毕业生为会员。以农村干部和农村积极分子为主要宣传对象，要抓紧干部学校、训练班、干部与积极分子的培训工作，并充分利用广播、报刊对农村展开宣传。

1956年，周恩来总理曾把全国科普和全国总工会准备合作向工人讲演事项告诉毛泽东主席，并得到肯定。在中共中央召开知识分子问题会议时，也安排了科普报告，毛泽东亲自听了报告，还嘱咐各地省委、市委回去尽量照办，为高级干部组织报告会。

1956年10月29日召开了全国职工科学技术普及工作积极分子大会（会期7天），以表彰向广大职工普及科学技术知识的积极分子和职工学习科学技术知识的积极分子，交流普及和学习科学技术知识的经验。国务院副总理李富春代表中共中央和国务院在大会上讲话，他指出，中国今天是处于新的生产力发展的时期，国家正在走向大生产、现代化集体生产的时代，这就不能靠一点点老经验和个别人手艺的熟练程度，而要靠整个工人阶级、农民和知识分子逐步地掌握近代科学技术。全国科普主席梁希要求中国的科技工作者勇敢地肩负起双重历史使命，一方面提高自己的业务水平，争取在第三个五年计划完成后使我国最急需的科学部门能够接近世界先进水平；另一方面，把科学技术知识普及给广大劳动人民，尤其是广大职工，使中国拥有足够的建设力量。全国总工会主席赖若愚作了《积极地开展职工科学技术普及工作》的报告。他根据党的"八大"提出的国内主要矛盾是先进的社会主义制度与落后的社会生产力之间的矛盾的观点，提出要解决好这一矛盾，关键就是提高我国的科学技术水平，把我国工人阶级培养成为具有高度文化、科学、技术水平的阶级，并且把现代的科学技术成就逐步地应用到我国的建设事业中来。

11月3日，大会全体代表发出了《给全国职工同志们的一封信》，希望全国职工积极支持工会和科普协会的组织工作者，和他们协商学习的组织形式和学习方法。

参加这次会议的人员达1100人。会议期间，毛泽东、朱德和邓小平等党和国家领导人亲切会见了会议的全体代表并一起合影。

三、科普出版与科教电影和广播

20世纪50年代，科普书刊的编辑出版工作是从编辑出版中央科学讲座的讲演稿开始的。1956年，胡乔木向全国科普专职副秘书长彭庆昭传达毛泽东主席关于农村非常缺少科普读物的意见时，彭庆昭向胡乔木提出成立科学普及出版社。1956年7月21日，中央宣传部批准全国科普成立科学普及出版社，并且继续编辑出版《科学大众》《知识就是力量》和《学科学》的科普期刊。1957年，科普出版社的刊物又增加了《天文爱好者》和《科学普及资料汇编》。

值得一提的是，科普出版社出版的最具影响的图书莫过于华中工学院教授赵学田的《机械工人速成看图》。赵学田根据许多工人不会看图，又必须学会看图的实际需要，编写出《机械工人速成看图》。1955年之后，《机械工人速成看图》连续再版，到1980年，共发行1600万册。赵学田于1956年2月6日受到了毛泽东主席的接见。1957年，《机械工人速成看图》和赵学田的另一本《机械工人速成画图》被拍成电影，使制图知识得到更广泛的传播。

科普期刊和报纸发展较快，如现在仍在编辑出版的《地理知识》（1950年创刊，《中国国家地理》前身）、《无线电》（1955年创刊）、《学科学》（1956年创刊）、《天文爱好者》（1958年创刊）等也都获得较好的发展。一些全国性报纸创办了科学副刊，如《人民日报》的"卫生"副刊，《工人日报》的"学科学"副刊、上海《文汇报》的"人民科学"周刊、《大公报》的"科学广场"等。主办单位有科技团体、高等院校，也有一些是报社独自创办的。1954年，中国第一份科技报纸，由北京市科学普及协会主办的《科学小报》创刊，主要任务是介绍基础科学知识，

上 《知识就是力量》杂志创刊号
下 《机械工人速成看图》

内容包括博物、理化、天文、地理、地质、数学、生理、卫生、疾病预防、妇婴卫生等知识，以及工农业生产的科学技术、先进生产经验等。

20世纪50年代初，农业部农业电影社（1998年更名为北京农业电影制片厂）也以制作农业题材幻灯片为主，如《京郊小麦选种》《冀西沙荒造林》《消灭麦蜘蛛》《麦田压绿肥》等。1956年开始以拍摄科教电影为主，摄制了《望城养猪》《混合堆肥饲养鱼苗》《棉花育苗移栽》等影片。农业电影社作为中国专门摄制农业科教电影的制作机构，世界上绝无仅有。1953年2月，中央电影事业管理局科学教育电影制片厂成立，1955年改名为上海科学教育电影制片厂（简称上海科影厂），这是中国第一个科教电影生产基地。50年代中期，上海科影厂共生产科教片近百部，内容包括农业、工业、地理风光、美术和基础科学知识等。

科教广播节目也有较大的发展，中央人民广播电台开办了"自然科学讲座"节目，涉及生理、医药卫生、工矿、农林、物理、化学等自然科学常识及科学家故事。1953年，又创办了"科学常识"（1954年更名为"科学知识"）。此后，全国各地先后有20多个广播电台先后开办了类似于"自然科学讲座"或"卫生讲座"的节目。1957年，中央人民广播电台又先后开播了"生理常识讲座"专题广播和"无线电常识讲座"等节目。

1954年，中央广播事业局和全国科普发出《关于举办农业科学知识广播的通知》，要求各省广播电台和科普协会分会配合春耕生产联合举办农业科学知识的广播节目。不久，中央人民广播电台和农业部、全国科普联合举办了"农业技术广播推广站"节目,传播农业生产技术知识,以提高农业生产水平。各地方电台也推出了相关节目,如山东人民广播电台设立了"农业知识"节目,云南人民广播电台在对农广播中增设了"科学卫生"的节目。1956年,为应对灾害性天气的发生,全国各地的广播电台和有线广播站开播了"天气预报"节目。

四、科技场馆建设

中华人民共和国成立之初,中国只有山西、福建、上海、广西、贵州、四川等7个省(市)立科学馆以及"国立"甘肃科学教育馆、广西省立科学教育馆、湖北省立人民科学实验馆。

1950年4月,文化部科普局决定在北京建立人民科学馆,借此来指导全国各地人民科学馆事业的发展。人民科学馆筹备处成立后,明确了建设科学馆的目标为:

1. 使劳动人民掌握自然发展规律,掌握科学技术,能担负起新中国的生产与国防任务。
2. 建立唯物主义的宇宙观,去除迷信和偏见。
3. 宣传苏联和中国的科学技术成就,进行无产阶级的国际主义和爱国主义教育,鼓励工农兵群众的创造发明,宣传爱劳动、爱科学的国民公德。
4. 宣传卫生知识,促进人们健康水平的提高。

科学馆筹备处成立的当年即先后筹办了"大众机械""动物的进化""可爱的祖国""苏联的科学技术"等展览。这些展览的内容注意到科学、技术与社会、历史的关联,为发展新型的人民科学馆摸索出一些经验,后几经变迁,建成北京自然博物馆。

北京自然博物馆

北京天文馆

人类对于宇宙、星星之类的好奇心一直都未曾衰减。中国人早在春秋战国时期就记录了许多天象，这些记载已成为珍贵的历史资料。20世纪50年代，中国科学院、全国科普和北京市文委筹建了天文馆，并请当时的上海徐家汇观象台研究员陈遵妫任馆长。1957年9月29日，北京天文馆举行了开馆典礼，全国科普主席梁希致开幕词，副主席竺可桢剪彩，陈毅副总理到会祝贺。这是中国第一座天文馆。1957年10月，刘少奇、朱德和周恩来也先后到天文馆参观。作为新中国成立后最早修建的一座大型科普活动专用场所，北京天文馆为普及天文知识和宣传我国在天文学上的成就发挥了重要作用，出现了卞德培和李元这样优秀的科普名家。天文馆还着重对青少年开展科学知识的教育，编辑出版天文书刊，如1958年创刊的《天文爱好者》是我国出版的唯一的天文科普期刊。

20世纪50年代以来，北京动物园附近相继建立了北京天文馆、北京展览馆和展览剧场、首都体育馆、北京石刻艺术博物馆、国家图书馆和中国古动物馆，这里自然地形成了一处集文化、娱乐和科普为一体的园地，成为北京的一处著名的文化中心。

1949年2月被北平军管会接收后，"国立北平图书馆"更名为北京图书馆（1949年9月27日，北平更名为北京）。20世纪60年代末，计划兴建一个现代化的新馆，周恩来总理对此非常重视，1975年定下现在的新址（在西郊紫竹院公园的北边，中间有长河流过），并在1987年落成，1998年更名为国家图书馆。目前，国家图书馆在世界上排在第三位，馆藏文献达3768.62万册（件），尤以典藏

上 国家图书馆

中 古籍馆

下 古观象台

古籍善本闻名于世。馆藏善本古籍27万册(件)，普通古籍164万册(件)。馆藏的殷墟甲骨、敦煌遗书、《赵城金藏》《永乐大典》《四库全书》等都是珍贵的文物。外文善本中最早的版本为1473—1477年间印刷的欧洲"摇篮本"，以及稍后欧洲传教士带来的书籍(部分被翻译成中文)。该馆的数字资源的信息总量已超过1000TB。

1957年9月29日，北京天文馆开放后，国家又开放了位于北京建国门的古观象台(隶属于北京天文馆)，向民众普及天文科学和历史知识。

北京动物园是中国第一家动物园，位于北京西直门外。它建于1906年，已有百余年的历史，也已成为一处普及动物知识的处所。20世纪50年代，北京动物园经过恢复和重建之后才对外开放。到90年代末，该园内又建成了当时最大的内陆海洋馆。为了增加动物的数量，动物园成功繁殖大熊猫，这是世界首例在饲养环境中繁育成功大熊猫。此外，还成功繁育金丝猴、黑颈鹤和东北虎等珍贵的动物。

在动物园北边、隔着一条河的是北京石刻艺术博物馆原是一处著名的寺庙——真觉寺。1961年，真觉寺金刚宝座塔被列为第一批全国重点文物保护单位。真觉寺建于明永乐年间（1403—1424），成化九年（1473）建成金刚宝座塔。1987年，在文保所的基础上建立了北京石刻艺术博物馆。馆藏石刻文物2600余件，包括碑碣、墓志、造像、经幢、石雕、石质建筑构件等，其中历代石刻文物上千种。

1952年，政务院经济委员会副主任李富春在访问苏联时，苏方的人员提出在中国展示苏联社会主义建设成就的建议。中央决定，在北京和上海建苏联博物馆，让民众从展览活动中学习苏联建设的经验。为此，苏联派出建筑专家来中国参与展览馆的设计和施工，并且成立三人小组（北京市委书记和市长彭真担任组长）。经过考察后确定在西直门外建设展览馆（还有西苑大旅社和西郊商场）。展览馆1954年9月竣工，

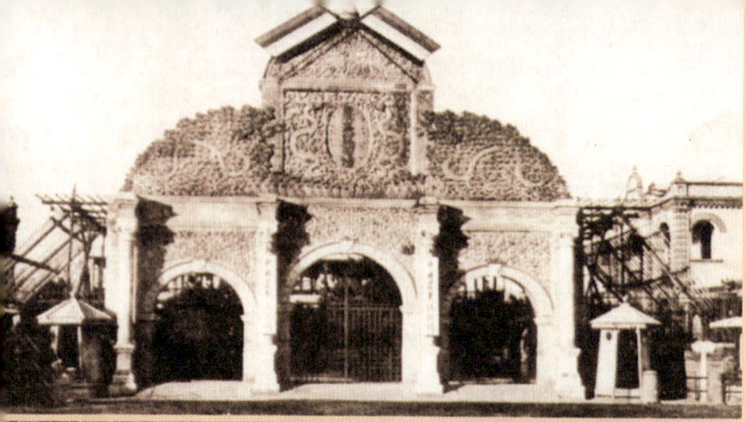

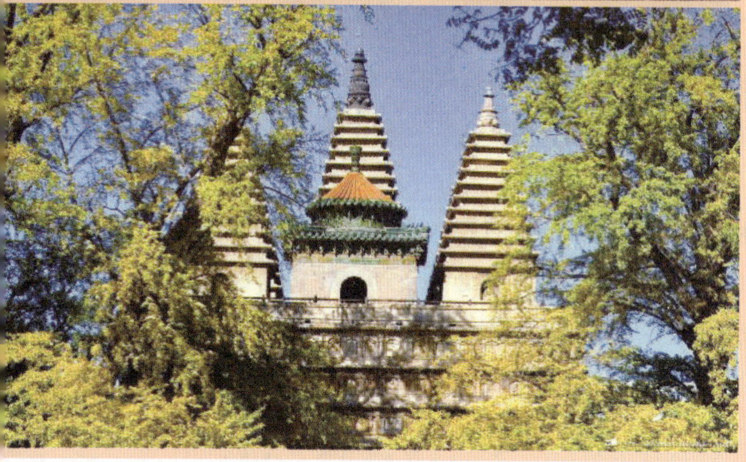

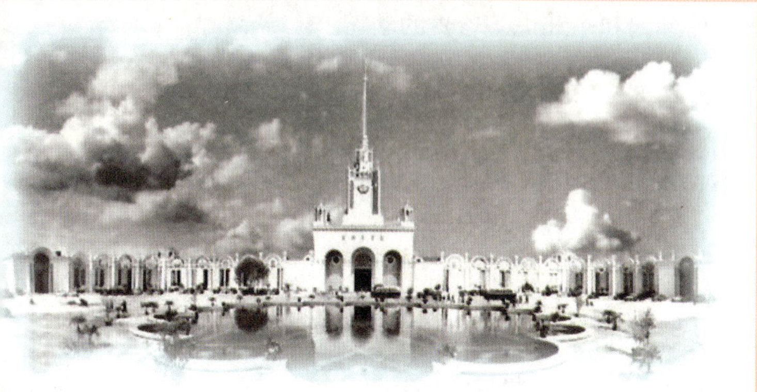

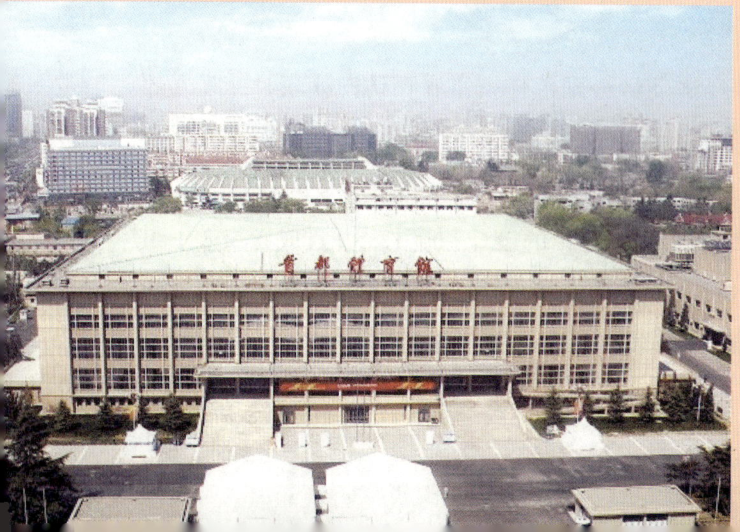

并定名为"苏联博物馆",由毛泽东主席题写馆名。1954年10月份开始第一个展览"苏联经济与文化建设成就展览会"。1958年,根据周恩来总理提议,"苏联博物馆"更名为"北京展览馆",并沿用至今。该馆下属还有北展剧场和莫斯科餐厅。

首都体育馆建于1968年,是北京重要的体育设施。它东西长122米,南北长107米,净跨112米×99米,屋顶结构为平板型双向空间钢制网架,是北京一处重要的文化场所,所举办的各种体育赛事和演出活动丰富了群众的文化生活。

中国古动物馆属于中国科学院古脊椎动物与古人类研究所,是中国第一家以古生物化石为载体的博物馆。它是较为系统地普及古生物学、古生态学、古人类学和生物进化论知识的专题博物馆。它是亚洲最大的古动物博物馆,1995年对外开放。该博物馆陈列的展品反映着自5亿年前的寒武纪到距今1万年前的地层中发现的史前各门类古生物化石以及旧石器标本、模型等,展品达千件,较为全面地展示了史前动物和古人类的自然遗存以及生命演化的历程。

这"六馆一园"支撑起一个"小"地区的文化氛围,也许并非刻意所为,但是经过几十年的建设,已蔚为大观。

左一 北京动物园

左二 北京石刻艺术博物馆内的金刚宝座塔

左三 北京展览馆

左四 首都体育馆

第五章
科学的奠基

从 19 世纪中叶算起,经过百年的发展,中国科学的教学和研究工作具备了一定的基础,甚至一些研究工作还处在了相关领域的前沿。同时,在众多的教学与研究机构中,加强了诸如核反应堆、高能加速器、激光器、电子计算机、大型探测装置和大规模集成电路之类的研制工作,一大批活跃在相关分支研究领域的科学工作者做出了重大的成绩。基础科学既是科技体系的理论基础,又对发展科技产生了重要的推动作用。

一、物理学、天文学与数学

物质世界的组成以及粒子如何构成物质、如何相互影响、相互作用,是科学家一直在探寻的问题。在"两弹一星"的研制工作中,物理学和力学扮演了非常重要的角色，并且发展成为庞大的学科体系。这既与国家发展工业、建筑和交通技术的目标相符合，而且对进行从宏观规律到微观规律的探索和从定性到定量的认知，以及形成一个把理论与实验结合起来的知识群体，都是必要的。

1. 粒子物理学和核物理学

在探索微观世界的活动中，中国物理学家和数学家合作取得了出色的成绩。

上右 下右
周光召 赵忠尧
上左 下左
王淦昌 肖健

右 云南站大云室组中层磁云室拍摄到的一个电磁级联簇射事例

左 云南雪落山的宇宙线实验室

　　20世纪50年代，中国物理学家在杜布纳联合原子核研究所进行了相关的合作研究工作。借助100亿电子伏的质子同步稳相加速器，王淦昌的小组发现了反西格玛负超子。这是通过实验首次发现的荷电反超子，引起了科学界的轰动。在杜布纳研究所工作期间，周光召也发表了弱相互作用中轴流部分守恒的研究成果，这是有关弱相互作用理论的一个重要成果。此前（1952年），王淦昌和肖健在云南雪落山（海拔3185米）筹建中国第一个高山宇宙线实验室，并在实验室安装了赵忠尧从美国带回的多板云室和自行设计并建设的磁云室，在1954—1964年间记录下一些介子的事例以及宇宙线粒子的电磁簇射现象等。20世纪60年代，中国物理学家在西藏利用云雾室开展了宇宙线研究，并得到了一些新发现，如1972年和1977年在世界上首次观察到新的高能粒子或射线事例。

20世纪50年代中期，中国科学家开始研制加速器与核反应堆，如回旋加速器、质子静电加速器、电子静电加速器以及各种高压倍增器等。这些加速器为中国早期的核物理研究和教学发挥了积极的作用。

1956年，在苏联的援助下，在北京房山坨里开始建设核反应堆和回旋加速器，主要用途是进行核科学研究和制造同位素。1958年6月，原子反应堆和回旋加速器建成。这标志着中国已经跨入原子能的时代。后来建造和使用核潜艇的动力堆、核电厂的反应堆、工程实验堆等的运行人员，大都要在这个反应堆进行初步的培训。经过改造，这个重水堆大大延长了寿命（原设计寿命是15年）。

20世纪60年代中期，北京大学与中科院的原子能研究所、数学研究所和中国科技大学的科学家朱洪元、张宗燧、何祚庥、戴元本和胡宁等37人紧密合作，提出强子结构的相对论层子模型。

2. 光学

在光学研究上，中国的科学工作者取得的成绩是显著的。20世纪50年代末期，我国已经可以研制大型石英摄谱仪、中型电子显微镜、万能工具显微镜、高精度经

上 核反应堆

中 回旋加速器

下 王大珩

纬仪以及一系列光学玻璃。1958年，长春光学精密机械与物理研究所王大珩主持研制高精光学仪器的工作，使"八大件"闻名全国科技界，即高精度大地测量经纬仪、高精度万能工具显微镜、大型石英摄谱仪、中型电子显微镜、中子晶体谱仪、地形测量用多臂航摄投影仪、红外夜视仪和系列有色光学玻璃。1964年，在王大珩的带领下，研制成功大型精密光学跟踪电影经纬仪。1965年8月，中国第一台大型电子显微镜研制成功，放大倍数最大为20万倍，全部采用国产材料制成。

1961年9月，中国科学院长春光学精密机械研究所研制成功了中国第一台红宝石激光器，使中国的光学技术提高了一大步，也表明中国的激光技术已经达到了世界先进水平。1963年，中国研制成功氦氖激光器，并开始了批量生产。1964年2月，研制成功我国第一台砷化镓激光器。这3种激光器研制成功的时间比世界最早的同类激光器晚1年左右。1964年，上海光机所开始研究高能激光器和大功率激光器，并于1977年研制成功，这是可用于跟踪和测量导弹与卫星的大型精密经纬仪，带有红外跟踪、激光测距、电视跟踪的功能。

中国第一台红宝石激光器

一 林兰英制备出第一根砷化镓单晶材料

二 林兰英

三 王守武

3. 材料科学

在"十二年科技规划"中，半导体物理学是重点学科。对此，中国物理学会适时地于1956年在北京召开了半导体技术讨论会。物理学会拟定在7个方面加强研究和协调，这包括筹建半导体研究基地，开设相关的课程，筹建生产半导体器件的工厂等。这种科技咨询活动对国家科技发展和经济建设产生了重要的作用。20世纪50年代后期，科学家先后研制成功锗单晶和硅单晶。1962年，林兰英还制备出第一根砷化镓单晶材料。此后，还先后研制成功平面晶体管、双极型集成电路、MOS器件、大规模集成电路以及各种半导体存储器、微型机电路等。

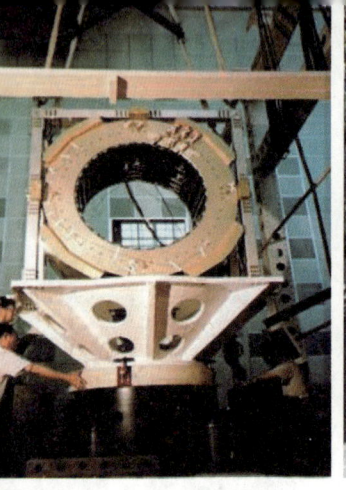

在磁学研究上，中国科学家是从研究永磁材料和软磁材料开始的。20世纪50年代末，开始了铁氧体的研制工作；到60年代中期，永磁铁氧体、高频软磁铁氧体、矩磁磁芯、微波铁氧体以及相关器件的研制都满足了国内的需要，有些铁氧体还达到了国际先进水平。70年代，磁光、磁泡、磁粉、非晶态磁性材料的研究取得了很大的进展。80年代，稀土永磁材料的研究达到了世界先进水平。1998年的"阿尔法"探测器（AMS）上使用的就是中国科学院电工研究所制备的大型永磁体。此外，有机物的铁磁性研究也有所突破，这对磁光盘材料的开发是有重要作用的。在磁性理论研究方面，我国物理学家在微磁学理论上有所发展，进而建立了统一和严格的磁化过程的理论基础，并且在磁泡理论研究中得到应用。我国科学家在单分子层次上进行"手术"，通过化学键剪切，在国际上首先实现了对单分子磁性的控制。

左 "阿尔法"探测器上的大型永磁体

右 紫金山天文台

上 叶叔华

下 张钰哲（左）与张家祥

4. 天文学

紫金山天文台位于南京紫金山的第三峰上，是中国建立的最大的现代天文学研究机构。在张钰哲台长的带领下，紫金山天文台开展了小行星轨道的测定、摄动计算和改进轨道方面的计算研究工作。今天，紫金山天文台已拥有4个野外台站，即青海、青岛、赣榆和盱眙台站。1994年，紫金山天文台承担了关于彗星撞击木星的预报，当时，只有美国的JPL（喷气推进实验室）和紫金山天文台承担这项工作。

1955年1月，张钰哲与张家祥一起进行观测，拍到了一颗小行星，他们连续观测和计算了两个多月，将小行星的轨道确定下来。这颗小行星的名称定为"紫金1号"（编号是1000号）。1965年1月，紫金山天文台的观测人员发现了2颗彗星，并命名为"紫金山1号""紫金山2号"。这是中国天文工作者最早发现的两颗彗星。此外，中国在天文观测、编算天文历法和世界授时等工作上都取得了一些成就。1964 年成功地编算了该年度的中国天文年历。1973 年，在陕西开展了长波授时台的筹建工作。上海天文台的叶叔华等研究人员与有关科研单位进行协作，使中国的授时系统测定的标准时间精确度误差不超过千分之二，达到了当时的国际先进水平。

5. 数学

华罗庚的复变函数论研究始于 20 世纪 40 年代。

上左 华罗庚

上右 王元

下左 潘承洞

下右 陈景润

1958年，他发表了《多复变数函数论中的典型域的调和分析》，对数学研究产生了很大的影响。从50年代开始，王元、潘承洞和陈景润等人对于"哥德巴赫猜想"的论证，大大推进了其研究工作，并且使中国人的研究水平大大提高。陈景润对哥德巴赫猜想进行了系统和深入的研究。1966年，他成功地证明了"任何一个大偶数都可以表为一个素数和不超过两个素数乘积之和"（简称为"1+2"）。在"文化大革命"中，陈景润也受到了一些冲击，在当时异常艰苦的条件下，他依然钻研哥德巴赫猜想，以简化原来的论证过程，并在1973年完成了简化的工作。他的研究成果被称为"陈氏定理"。

吴文俊的拓扑学研究也始于20世纪40年代，最著名的成果是吴示性类与吴示嵌类的引入和吴公式的建立以及一些应用。1977年春，吴文俊首次用手算成功验证了他的机器证明几何定理方法的可行性。20世纪80年代，他涉足数学机械化的新领域，要让计算机实现数学这种典型脑力劳动的机械化，并把数学机械化视为中国古代数学思想的复兴。他首次实现了几何定理的高效证明，他的几何定理机器证明方法被称为"吴方法"。微分几何的定理机械化证明方法、方程组符号求解的"吴消元法"、全局优化的有限核定理建立了数学机械化体系。

20世纪50年代末到60年代初，由于电子计算机技术的发展，科学计算也取得了极大的进展。在刘家峡大坝设计过程中，冯康的《基于变分原理的差分格式》建立了有限元方法。有限元方法的创立是计算数学发展史上的一个里程碑。

一　二
吴文俊　刘家峡水电站 103机
三
冯康
五
104机

6. 电子计算机

20 世纪 50 年代中期，中国编制了"十二年科技规划"，其中将"计算技术的建立"列为 4 项紧急措施之一。为此，中国科学院决定成立计算技术、半导体、电子学及自动化等 4 个研究所，并且成立由华罗庚为主任的计算所筹建委员会。北京大学和清华大学也成立了计算数学专业和计算机专业。

1957 年，哈尔滨工业大学研制成功中国第一台模拟式电子计算机；1958 年，中科院计算所与北京有线电厂共同研制成功我国第一台通用计算机——103 型数字电子计算机（被命名为 DJS–1 型，或八一型）。1958 年 9 月，数字指挥仪 901 样机问世。这也是中国研制的第一台电子管专用数字计算机。1959 年，中国研制成功第一台大型通用电子数字计算机（104 机），运算速度每秒 1 万次，为我国武器的研制工作做出了重要贡献。1960 年 4 月研制成功通用电子数字计算机 107 机（主要用于弹道计算）。1964 年，中国第一台自行设计的大型通用数字电子管计算机——119 机研制成功。

1965 年，中科院计算所推出中国第一台大型晶体管电子计算机，代号为 109 乙机，标志着中国电子计算机发展到第二代的水平。1964 年，由哈尔滨军事工程学院（简称为"哈军工"，国防科学技术大学的前身）的慈云桂主持研制的441B全晶体管计算机取得成功。1965年，108机和108乙型计算机（DJS-6）也由华北计算所设计成功。1967年，中科院计算所研制成功了109丙机，在我国核弹和导弹的研制工作中发挥了重要作用，被誉为"功勋机"。1970年，441B的改进型计算机成为中国第一台具有多道程序分时操作系统和标准汇编语言的计算机，是中国第一台百万次集成电路电子计算机。

慈云桂

1965年，中国第一台——第三代计算机——百万次集成电路计算机"DJS-Ⅱ"型的操作系统编制完成。1976年，中科院计算所研制成功大型通用集成电路电子计算机"013机"。1977年，慈云桂研制的151-Ⅲ型机投入运行，运算速度达到每秒200万次。

1974年，中国DJS-100系列机研制成功，100系列计算机的研制带动了中国的计算机产业、计算机器件和计算机应用的发展，131、132、135、140、152、153等13个机型先后被研制成功，使得中国计算机工业走上系列化批量生产的道路。

20世纪70年代后期，电子部32所和国防科大分别研制成功655机和151机。1979年，华东计算技术研究所研制成功了HDS-9机。同时，全国57个单位联合进行DJS-200系列计算机的设计。

1978年，华北计算所的2780计算机和151-III/IV型机装载在"远望"号测量船上，完成了中国第一次洲际导弹发射、核潜艇水下导弹发射和第一次同步通信卫星发射的测量任务。

二、化学化工

为了满足国家的需要和推动社会经济的发展，中国从无到有地建立了石油化工、高分子、分析化学等化学工业科研体系，一些质量要求比较高的燃料、润滑油脂、电气绝缘油脂等产品试制成功，并且投入生产。在重油高效转化与优化利用研究方面，发展了重油梯级分离转化利用的新方法，实现了关键技术的重要突破，研制出提高劣质重油转化深度的催化裂化催化剂，获得大规模工业化应用。中国已经可以生产30万吨合成氨成套设备、24万吨尿素成套设备、1.5万吨涤纶拉丝设备等。

1. 塑料和光学胶片

在 20 世纪 50 年代的一次展览会上,日本产的塑料制品吸引了许多中国观众,尤其是儿童对塑料玩具表现出格外的喜爱。为此,1956 年的全国第一次塑料专业会议决定,由辽宁锦西化工厂承担合成树脂的试验工作。当时的锦西化工厂是中国三大化学工业基地之一,并于 1958 年建成中国第一座 3000 吨聚氯乙烯装置。这也成为中国塑料技术发展史的一个标志。此后,上海天源、北京化工二厂、大沽化工厂、天津化工厂等厂家也开始生产聚氯乙烯树脂。今天,中国已经掌握了生产聚氯乙烯、聚乙烯、聚苯乙烯和聚丙烯等多种合成树脂的技术。在中国石油化工业的发展中,乙烯一直是作为一个龙头产品来发展的。中国化工的发展,吸取了国外的先进经验,在建立 30 万吨聚乙烯工程时发展出一种适宜的模式,加快了中国乙烯工业的快速和高效的发展。

1958 年,中国第一家电影胶片厂——保定第一电影胶片厂(乐凯胶片集团公司)成立。1960 年,新中国自行研制生产的电影胶片成为制作电影(《兵临城下》)用的拷贝。生产感光材料的企业属于技术密集型企业,要求在厚度约为一根头发丝直径的 1/5 的胶片上涂上 14 层乳剂。当时苏联专家撤走后我国自主研发的胶片的产量基本上满足了国产电影使用。即使在"文革"动乱期间,科技工作者也克服了重重困难,开发出航天设施上使用的感光材料。作为中国最大的胶片生产企业集团,乐凯胶片集团公司有影像记录材料、印刷材料、膜材料和涂层材料、精细化工等四大产品系列,百余个品种,出口到几十个国家。"乐凯"品牌的彩色胶卷和彩色相纸都获得过"中国名牌产品"的称号。

上 位于金山区杭州湾畔的上海30万吨乙烯工程

下 保定第一电影胶片厂

2. 合成纤维

20世纪50年代初期，中国的化学工业基础还是非常薄弱的。1954年，当时的重工业部化工局把合成纤维的研发任务下达到沈阳化工研究院和锦西化工厂，并且在锦西化工厂进行试验。合成纤维是从石油或煤炭提炼出来的化工原料，而后再加工成一些纤维（如"尼龙"）。它除了具备天然纤维的性能之外，有些性能还优于天然纤维。生产原料乙内酰胺的关键设备是高压真空泵，科技人员和工人花了一年的时间才研制成功，而后在这台装置上进行试验。1958年4月，该工厂试制成功第一批乙内酰胺的原料，而后送到北京纤维厂进行抽丝，并获成功，中国的化工技术水平提高了一大步。因为是在锦西研制成功合成纤维的原料，就把合成的纤维命名为"锦纶"。作为一种天然纤维的替代品，锦纶的生产部分解决了"粮棉争田"问题。此后，中国的科技人员又相继研发出涤纶、腈纶和维尼纶等多种合成纤维，并使生产能力达到了百万吨以上。

20世纪70年代，中国大力发展化学纤维的生产，以解决穿衣问题。当时中国刚刚停止了"文革"的十年动乱，面临着资金上的困难。1978年，江苏决定建设江苏仪征化纤总厂，坚持引进世界上规模最大的、最先进的技术装备。仪征化纤基地成为中国最大的化纤基地和供给化纤原料的基地，并且使中国一举成为世界上第二大化纤生产国。

中国科学院长春应用化学研究所和北京化工研究院的科技人员成功地开辟了顺丁橡胶单体合成新路线，并且攻克了催化剂研制的难关，自行研究和生产出中国第一个性能良好的通用橡胶品种，不仅满足了国内的需求，而且部分产品出口。轻纺工业生产中利用蔗渣和若干速生树种制造人造纤维也取得了一定的成果。

三、地学与环境科学

1955年12月，中国科学院成立自然资源综合考察委员会。根据"十二年科技规划"中规定的任务，在12年之中，综合考察委员会先后组织了15个综合考察队，如黑龙江、新疆、青海、甘肃、西藏、内蒙古、宁夏等地区性考察队，以及西部地区南水北调黄河中游水土保持、云南热带生物资源、华南热带生物资源和治沙等专题性的综合考察队。考察工作遍及中国的东北、内蒙古、西北、西南、华南等地区，约占国土面积的60%，并取得了丰硕的成果。

1. 大型综合考察

1960年，中国科学院综合考察委员会组织一些部门对西藏自治区进行了大规模的综合考察。通过对自然资源的综合考察，基本摸清了西藏地区自然条件的特征、自然资源的数量和品质以及分布规律，积累了大量的资料，填补了这些地区综合调查研究的空白，为边疆地区自然资源的开发提出了综合的开发方案和远景设想。早在1959年，中国科学院和国家体育运动委员会联合登山队首次从珠穆朗玛峰的北坡登上峰顶，并对珠穆朗玛峰的东面、西面和北面约7000平方千米的范围进行考察，系统地记录了该地区的自然地貌和垂直自然带现象。1965年，登山队再次考察了该地区，考察的范围比1959年的考察范围扩大了约7倍，还出版了包括地质、古生物、第四纪地质、自然地理、现代冰川地貌、生物与高山生理、气象与太阳辐射等分册考察报告。1964年还组织了对希夏邦马峰的科学考察。在此期间，对青海地区进行了大规模的考察活动，包括对柴达木盐湖资源、祁连山冰川资源、青海甘肃地区的矿物资源、海北藏族自治州农牧业与土壤资源及祁连山生物资源等进行广泛调查。

1958年，西北六省区召开了全国治沙会议。根据会议的要求，中国科学院建立了治沙队，开展了大规模的沙漠考察，对塔克拉玛干、古尔班通古特、巴丹吉林、腾格里、乌兰布和、库布齐以及毛乌素、浑善达克、科尔沁沙漠进行了野外考察工作。历时7年，查明了这些地区的沙漠和戈壁的面积、分布、类型、成因及演变的规律，摸清了区域自然地理特征和土地资源状况，为干旱、风沙、盐碱的综合治理提供了依据。

为了满足河西走廊工农业用水的需要，高山冰雪的利用研究队从1958年开始对祁连山冰雪资源进行调查，并在山脉的西段建立了中国第一个冰川观测站，初步查明祁连山现代冰川的分布类型和特征，估算了蓄水量和融水量，并积累了水文、气象、地貌资料，为解决该地区的用水需要提供了科学依据。

根据中国与苏联政府于1956年8月8日签订的协议，黑龙江流域综合考察工作自1956年开始到1960年为止，共组织了40多个单位、700人次的地质、自然资源、水能水利、交通运输、综合经济的科学考察，基本上摸清了流域内自然条件和自然资源情况，完成了流域内水能资源和黑龙江干流、额尔古纳河各电站的勘察工作。

20世纪50年代，为治理黄河流域的灾害，我国在建设三门峡水库之时，就非常重视黄河中游黄土区的水土保持和黄河中下游平原灌区及盐碱地的改良等重大问题。1953年，中国科学院和黄河水利规划委员会组织了黄河中游水土保持考察队，对黄河中游水土保持的问题进行综合研究，建议采取农业、林业、畜牧业、水利和田间工程等措施，因地制宜、自上而下、沟坡兼治、生物措施与工程措施相结合综合治理，提出了不同类型的水土保持措施及合理配置的方案。水利部和中国科学院相继成立土壤调查队，对华北平原30万平方千米的土地进行了野外调查，并进行了水、土、盐分析和资料的整理，还套色印刷了《华北平原土壤图集》，包括地形、河流改道、第四纪沉积、土壤改良分布等，为这些地区的经济建设提供了重要的依据。

1957年，长江流域规划办公室组建了长江流域土壤队，与中国科学院土壤队一同进行长江流域的土壤调查。从1958年开始，国家分阶段地完成了湖北江汉平原、宜昌和襄樊地区以及大洪山区的土壤调查任务；1959年，这两支调查队分别对湖南、湖北交界的洞庭湖周围，包括常德、长沙和湘江中游地区进行了调查和制图的工作，对鄱阳湖四周和赣江流域进行了土壤制图。根据这些调查所撰写的区域调查报告，还参考了各省土壤调查资料和林业资料，最终编制出长江流域土壤图。

在1952年华南三叶橡胶宜林地调查的基础上，1957年，中国科学院综合考察委员会组织了华南热带生物资源综合考察队，分别对广西红水河、桂西南龙津地区和十万大山、广东汕头地区、福建南部、桂东地区进行了以橡胶为主的热带植物自然条件和自然资源的综合考察。1961年，又对广东湛江和海南地区进行重点补查，分别提出了广东、福建和广西三省区以橡胶为主的热带植物宜林地综合考察报告和开发方案，阐明了华南三省区发展橡胶等热带植物的自然条件和经济条件、宜林地等级划分标准、面积和分布，为国家和地方开发华南地区的橡胶等热带植物资源提供了科学的依据。早在1951年，海南就开始建设中国第一个天然橡胶生产基地。此后，经过30年的努力，在北纬17°以北的地区大面积种植天然橡胶。今天，中国的橡胶种植面积在世界上排在第四位，可延伸到北纬24°的地区，年产量也大幅度提高，是1951年的上千倍。

1956年，中国科学院综合考察委员会组织了云南热带生物资源综合考察队，重点进行了重要工业原料紫胶的调查和试验，先后考察了云南的思茅、西双版纳、文山、德宏、临沧、红河等地区，以及楚雄和玉溪的部分县。经过5年多的野外考察，编写了考察报告、开发方案、专题研究等著述87种。

取胶

中国科学院海洋生物研究所、水产部、山东大学海洋系和海军部队在国家科委等单位的组织下，从1957年9月开始，在渤海海峡和黄海北部进行了4次多船同步观测，不仅为绘制水文气象图集积累了材料，而且通过对比同步与不同步观测资料，积累了浅海调查的经验。这一时期还进行了渤海海洋综合调查和黄海断面调查，调查内容包括海洋物理、化学、气象、地质、地貌和生物。其中，地质与生物调查是每年一次，其他的工作则是每月一次。这是中国首次开展的大面积海洋综合调查。

1958年9月，根据"十二年科技规划"对"海洋综合调查"的要求，开展了全国近海海洋普查工作，普查又分渤海和黄海、东海、南海3个海区进行，共设83条断面和570个大面积观测站。根据这次全国海洋普查，出版了10册《全国海洋综合调查资料》，系统地报道了中国近海水文、气象、化学、海流、潮流的分布和变化情况，为开发海区自然资源奠定了基础。继这次普查之后，国家又多次组织中国近海海区水文断面调查，对中国海水系、流场、温跃层分布与变异进行长期监测，为开发近海海洋资源提供了基础数据。

对于海洋滩涂的调查也开展起来。为解决塘沽新港的泥沙淤积问题，中国科学院联合天津港务局进行研究，使问题得到了解决。华东师范大学、北京大学和山东师范学院等单位组织了大规模的海洋动力学、海岸地质地貌的综合调查，分析了渤海湾海洋水文气象特征、潮流系统与泥沙运动的关系，取得了重要成果。

2. 地图

1949年11月，新中国的第一张地图被印制出来，而且在地图上首次出现了"中华人民共和国"的字样。作为首都，北京在这张地图上显示出突出的标记。在这张地图上，中国被分为东北、华北、西北、华东、中南和西南六大行政区，既把中华人民共和国领土主权在地图上反映出来，又记录了中国大地上发生的变化。1954年，地图出版社建立，它是中国唯一一家出版小比例尺地图的出版社。1954年地图出版社出版了第一幅新中国行政挂图；1957年出版的中华人民共和国地图，此后的40多年中一直作为中国国界线标准画法的依据。随着社会的发展和技术水平的提高，出现了各种样式的地图，如电子地图、多媒体地图、计算机制图，而且纸质地图已经不是地图的主要形式，新式地图为人们出行提供了极大的方便。

3. 自然保护区

1956年，中国第一个自然保护区——鼎湖山自然保护区成立。这个自然保护区位于广东肇庆境内，是中国在北回归线附近的一个具有热带和亚热带森林特征的保护区。由于这里历史上受第四纪冰川的影响比较小，因此留存下丰富的物种资源。所以，这里有"活的自然博物馆"的称誉，仅木本蕨类植物桫椤等珍稀蕨类就有几十种，闻名于世界。在这里，植物资源和森林生态系统得到保护、监测和研究。1978年，鼎湖山又建立了森林生态系统研究站，对地理、土壤、气候、动物和植物进行研究。为了保持生物多样性，研究森林生态系统，科技人员还把生物进行迁地保护，使人类与自然环境能够和谐相处。按照2005年的统计数据，中国的自然保护区已达2349个（其中国家级保护区243个），总面积也达到1.5亿平方米。吉林省长白山自然保护区、广东省鼎湖山自然保护区、四川省卧龙自然保护区、贵州省梵净山自然保护区、福建省武夷山自然保护区、内蒙古自治区锡林郭勒自然保护区已经被联合国教科文组织的"人与生物圈计划"列为国际生物圈保护区。

早在20世纪50年代，国务院颁布《农业发展纲要》（40

条），提出要在12年内实现"绿化祖国"的目标。1958年，张家界（当时叫大庸县）提出建设林场的报告，并得到湖南省的批准。经过20多年的造林育林，张家界的森林覆盖率达到97%，加上此地罕见的砂岩地貌，使奇特的自然景观成为优美的风景。1982年建立了中国第一个国家森林公园——湖南省张家界国家森林公园。这个公园的示范意义在于，它开拓了林业建设工作的新领域——森林旅游业。此后，中国建立的森林公园达到2000多处。

中国西部地区的14个省市区有400多处自然保护区，保护区的面积达6300万公顷，占国土面积的6.56%。为了更好地进行保护，国家决定把这些自然保护区纳入长江上游和黄河中上游生态建设工程与天然林保护工程。

张家界国家森林公园

第六章
技术研发与工程建设

中华人民共和国成立之后,中国启动了大规模的工业化进程。

一、工业

1952年,周恩来总理和陈云副总理率中国政府代表团访问苏联,就第一个五年计划(简称为"一五",即1953—1957年的计划)与苏联进行了长达9个月的协商,最后确定了苏联援助中国的项目。这些项目成为"一五"计划期间工业建设的主体。1955年,"一五"计划编制完成,并提交一届人大的第二次会议讨论。在这个计划中,国家提出:中国要集中力量发展重工业,建立国家工业化和国防现代化的初步基础,并且实施社会主义改造的任务。这样的主导思想也被作为这一时期工作的一个纲领。在执行"一五"

《我国第一个五年计划通俗图解本》

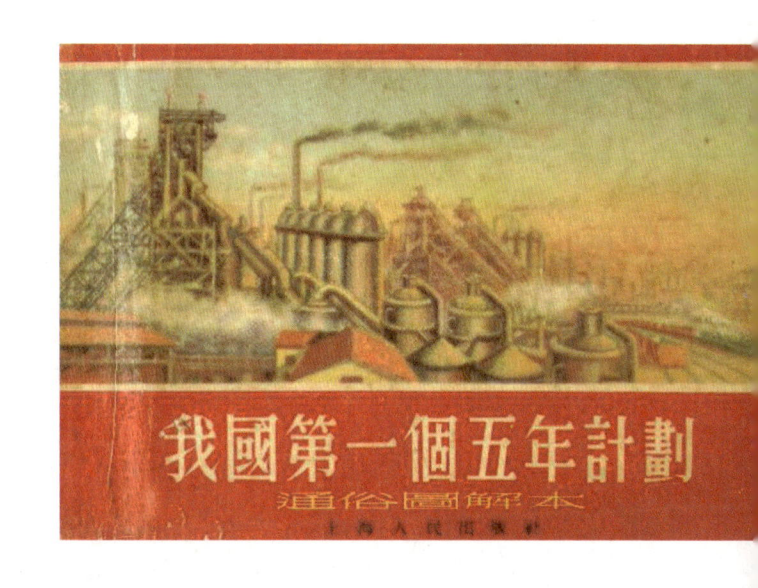

计划的过程中，中国建成一大批新的工业部门和新的工业基地，开创了建设中国社会主义工业化体系和更加全面的社会主义建设的局面。"一五"计划的实施为中国的发展奠定了一定的基础。直至今天，连续地实行诸"五年计划"成为中国社会经济和文化诸事业发展的一种重要的形式。

1. 自然资源的勘探和开发

为了加快我国油气资源的勘查步伐，1954年12月，国务院决定，要大力加强可能含油构造的勘测和勘探，迅速扭转石油勘探工作的落后局面，争取尽快发现含油气的地质区。1955年，地质部决定在华北平原、松辽盆地、四川盆地、鄂尔多斯盆地、准噶尔盆地、柴达木盆地进行重点普查。从1956年开始，地质部组成普查队伍对松辽盆地进行大规模的地质钻探、地球物理勘探等综合石油普查勘探，获得了大量宝贵的第一手资料。通过对这些资料的综合分析，我国科学家对于松辽盆地的内部构造、轮廓、基底起伏、白垩纪地层的分层对比、岩性及厚度变化以及生油层和储油层的状况有了总体上的了解和认识，从而肯定了松辽盆地的石油远景。

经过石油部和地质部的联合勘探，松辽盆地（松辽平原）石油普查有了较大的进展，发现了可能的生油层。邓小平在听取石油部领导的汇报时做出指示，要把石油资源勘探的重点由我国的西部地区转向东部地区。为此，石油部先后组建松辽石油勘探局和华东石油勘探处进行勘探，证实了松辽盆地确实具有良好的储油条件。1959年9月26日，位于松辽平原大同镇的松基三井首次钻探出工业油流，日产原油9~12吨。经过扩大勘探试采，查明该地区有2000平方千米的含油面积，能够长期稳产。由于是在国庆10周年前夕发现的，因此该油田被命名为"大庆油田"。

1960年，石油部调集了石油系统30多个厂矿、相关的院校人员和各种装备，开始了一场声势浩大的大庆"石油会战"。经过3年多的艰苦奋斗，取得了巨大的成功，大庆油田基本建成，改变了中国石油工业落后的面貌。1963年，周恩来总理宣布，中国的石油基本上实现了自给。1976年，大庆油田的原油产量超过5000万吨。1997年达到峰值——5600万吨。大庆油田开发成功之后，国家又组织了多次"会战"，先后建成山东胜利油田、天津大港油田、湖北江汉油田、陕西长庆油田、辽宁辽河油田并保持了 20 年的高速增长，1978 年，中国的原油产量超过 1 亿吨。

大庆油田是当时中国最大的油田，也是世界上为数不多的特大型陆相砂岩储层油田之一。李四光超越"海相"和"陆相"的观念，提出了"陆相成油"的理论。大庆油田的发现和开采证明了陆相地层能够生油，丰富和发展了石油地质学理论，也打破了以前"中国贫油"的理论。1987 年 7 月 25 日，在松基三井的原址上建了纪念碑——"大庆油田发现井——松基三井"。2001 年 6 月，松基三井又被列为第五

左
大庆工人欢呼第一口油井试喷成功

右
松基三井

批全国重点文物保护单位,是年代最近的文物之一。

2. 采掘与冶炼

为了满足社会对于钢铁的需求,钢铁工业初步建立起来适合中国资源条件的合金钢系统,为适应中国资源特点,用钒钛锰硼系统钢种替代汽车、拖拉机、机床使用的镍铬系统钢种的科研工作取得了显著的成绩。

1953年10月27日,鞍钢无缝钢管厂试轧无缝钢管取得成功。无缝钢管被誉为"工业的血管",应用极其广泛,如飞机起落架只能用无缝钢管,不可用焊管。这个工程是当时鞍钢的三大工程之一。从国外进口设备,并把工人送到苏联学习一年,该厂的工艺水平一直在不断提高。中国生产的无缝钢管规格甚多,最薄的管壁只有0.003毫米,一些特殊的钢管被用在火箭上,中国的第一颗人造地球卫星使用的也是国产的无缝钢管。天津、上海和成都等地先后建设了十余个无缝钢管厂。

20世纪50年代末,为了研制出高温合金,以满足航空、航天和原子能工业发展之需,冶金学家师昌绪在中国缺乏镍的背景下,提出发展铁基高温合金的思路,并研制出中国第一种铁基高温合金GH135(808),以替代镍基高温合金GH33,作为航空发动机涡轮盘的材料。中国科学院金属研究所的科技人员与有关部门合作,成功研制出了中国第一代具有当时世界先进水平的铸造多孔气冷涡轮叶片,供国产飞机使用。中国科技人员还创造性地研制出了铬－锰－氮无镍不锈钢及廉价的铁－锰－铝系列奥氏体耐热钢和无磁钢,缓解了国内钢材供求紧张的状况,有力地支援了国

师昌绪（左二）

防和经济建设，并且对稀土金属在民用钢铁、化工、轻工、农业等方面的研究、开发和综合利用进行了部署。

云南个旧锡矿的采掘和冶炼有着悠久的历史。在"一五"期间，云南锡业公司（简称为云锡公司）被列为苏联援助的156个项目之一，在地质勘探、采矿、冶炼工艺诸方面都取得了很大的发展。云锡公司始终把生产与科技紧密地结合在一起，形成了较为完善的锡冶炼系统和多种物料的冶炼工艺。2005以来，公司锡金属产量位居全球第一。云锡产品以精锡、焊锡及锡材、锡化工系列为主，同时生产铜、铅、锌、镍、铟、银、铋、金、铂、钯、铑、铱、钌、锇、贵金属高纯材料、特种功能材料、信息功能材料、催化功能材料及有色化工产品等共20个系列，600多个品种。

1958年8月，江西德兴铜矿开始建设。它是中国"二五"期间建设的最大的铜矿基地，并且在20世纪70年代末大大提升了其生产能力。

后来的江西铜业公司就是以德兴铜矿为基础建立起来的。经过了三期工程的建设，德兴铜矿成为亚洲最大的露天采矿场，其机械化程度也是世界上最先进的。

1959年9月26日，包头钢铁厂建成，并开始出铁。包头钢铁厂是国家"一五"计划中的重点项目。1959年10月，周总理为包头钢铁厂一号高炉剪彩。

3. 大型装备与产品

20世纪50年代至60年代，工业科学技术进步突出表现在机械工业大型成套设备的研制和生产上。中国先后研制成功大量的新式产品，包括一些高级、精密和大型的设备，如定位误差6微米的坐标镗床、1.2万吨水压机、10万千瓦汽轮机、精密轴承、质谱仪、高分辨率电子显微镜，以及"双水内冷"汽轮发电机组、1150毫米初轧机等，中国已经能够自制135吨电气机车和内燃机车、电气化铁道、万吨级远洋货轮。中国试制成功的新型金属材料、新型无机非金属材料、新型化工材料共12 800多项，在品种上可以满足导弹、原子弹、航空、舰艇、无线电技术科研和生产需要的90%以上，为新型材料的生产与研发立足于国内打下了一定的基础。

1958年10月27日，上海电机厂研制成功中国首创的、世界上第一台1.2万千瓦、3000转/分双水内冷汽轮发电机。所谓"双水内冷发电机"，是用水直接从线圈导线的内部进行冷却、定子和转子均用水冷却的发电机，冷却效果非常好，可使发电机的质量减轻、体积缩小。1958年12月，苏联在列宁格勒（现彼得格勒）

上 一万二千吨水压机

下 双水内冷汽轮发电机

召开大型汽轮发电机冷却国际会议,与会的苏联、波兰和匈牙利代表得知中国已制成双水内冷汽轮发电机的消息,苏联电气工程学会会长、苏联科学通信院士阿列克赛夫把有关的消息收入会议论文集和会议纪要之中。

1962年6月22日,我国自行设计制造的1.2万吨自由锻造水压机(高16.7米)建成并正式投产。炽热的钢锭送进去,在巨大的压力下,顺利地完成了拔长、镦粗、切断等操作工序。

1971年9月，中国第一条浮法玻璃生产线在洛阳诞生。这种工艺被定名为"洛阳浮法"，并且被国际公认为三大浮法工艺之一。

由于要在北京举办第26届世界乒乓球锦标赛（1961年），在第25届世界乒乓球锦标赛上获得男子单打比赛冠军的容国团向周恩来总理建议，中国人应该研发出乒乓球，在北京的锦标赛上使用中国人自己生产的比赛用乒乓球。1959年，周总理把这个任务交给上海轻工局来组织。上海华联乒乓球厂（今上海红双喜集团公司）经过3个月的苦战，在9月中旬设计并试验成功。为了纪念容国团获得金牌和迎接国庆十周年，周总理亲自命名为"红双喜"。此后，经过国际乒联的检验，"红双喜"乒乓球被确定为北京赛事用乒乓球，后来国际上使用的乒乓球系列也参照了中国的标准。红双喜成为中国体育器材走向世界的先例，也是中国乒乓球运动员的"利器"，成为"乒乓外交"的"道具"，成就了一段佳话。

上 第25届世界乒乓球锦标赛男子单打比赛冠军容国团

中 红双喜乒乓球

下 "红星牌"电子管收音机

1953年，南京无线电厂建成国产化收音机的第一条生产线，进而带动了中国的电子工业的发展。该厂生产的第一台收音机是"红星牌"电子管收音机。1956年1月，毛泽东主席到南京无线电厂视察，参观生产线之后做出指示：以国产化收音机生产为基础带动我国电子工业的发展。

4. 电力和水利

20世纪50年代，中国的东南地区经济发展得比较快，电力紧缺。由于水能蓄积较为丰富，河床的落差比较大，国家决定在新安江建设水电站，也是国务院确定的"一五"期间的重点工程。1960年4月，中国第一台自行制造的发电设备被安装在新安江水电站开始发电。这是中华人民共和国成立之后建设的第一座大型水电站。

在西藏地区，地热资源是非常丰富的，而羊八井地区更有"地热博物馆"之称。20世纪70年代初，地质勘探队到达拉萨以北90千米的羊八井地区，他们发现，这里的温泉散发着热气。清华大学在这里搞试验，建造了一个300千瓦的发电机组，后来编号为1号机组。1975年，国家注意到羊八井的地热资源，在9月23日1号机组发电后，就把国家"五五计划"中的这个重点工程命名为"923工程"。为此，在全国组织了80多个单位进藏，以攻克各种技术难题。1977年9月，羊八井地热试验电站的第一台1兆瓦试验机组发电成功并投入运行。今天，这个电站是供给拉萨地区用电的主要供电厂。羊八井的地

热开发开创了国际上利用中低温地热发电的先例，在世界新能源技术发展史上占有重要的地位。

西藏拉萨西南有一座堰塞湖——羊卓雍措（也被称为"羊湖"），被西藏人称为高原圣湖。1973年，国家决定在这里建设羊卓雍措抽水蓄能电站。羊卓雍措是中国开发的第一个高原湖泊，在建设电站时非常注意对环境的保护。所谓蓄能电站，就是在冬季羊卓雍措的枯水期，用羊湖水发电；在夏季的丰水期，用过剩的电抽取雅鲁藏布江水，补充到羊湖，基本上可以保持羊湖水位不下降，进而不影响湖区周围的生态平衡。1985年，成都勘探设计研究院对羊湖地区进行勘查并进行设计，1998年9月18日电站建成。这是世界上海拔最高的抽水蓄能电站，并且是目前西藏地区最大的、自动化程度最高的现代化电厂。

左　羊卓雍措电站

中　羊八井电站

右　新安江水电站

二、农业

为了加快农业技术改革，科技人员采取灌溉、栽培、施肥等综合的技术措施，大大提高了中国粮食作物的复种指数。科技人员还研发和改进了许多防治家畜疾病的疫苗，开展了适合中国国情的农业机械的研究与试验。畜类改良、渔业资源和鱼类洄游的规律、林木速生丰产、橡胶种植的研究等，也在比较薄弱的基础上较快地发展起来。农业基础科学重点开展了农作物育种和品种改良、品种和品质形成的分子机制、农产品安全、农作物重大病虫害形成与调控机制、家养动物复杂性状形成的遗传机制等方面的基础研究。

1. 培育优良品种

中国对于选育工作历来非常重视，从1958年开始，

丁颖

选育出水稻和小麦等 26 个品种，并得到大面积推广。选育和推广的水稻、小麦、棉花、玉米等 8 种作物 169 种优良新品种，一般可增加产量 10%～15%。总的来看，中国农作物的品种已经更新了一代。

20 世纪 50 年代末，中国农业科学院丁颖院长关于水稻栽培学的研究工作是奠基性的。丁颖对与水稻产量密切相关的分蘖消长、幼穗发育和谷粒充实等进行了深入的研究，为人工控制苗、株、穗、粒以实现提高产量的目标提供了理论依据。丁颖把水稻分为籼稻和粳稻两个亚种，运用生态学的观点，按照籼－粳、晚－早、水－陆、黏－糯的层次对栽培品种进行分类，为在生产上培育优良品种和提高产量打下了基础。

山东省棉花研究所于 1961 年进行品种间杂交和长期选

育，又于1971年把选育出的一些较好品种在山东省原子能研究所用钴-60进行辐射处理，1976年"鲁棉1号"选育成功。1978年，开始在长江流域和黄河流域的棉区推广。

1976年，陕西省成功培育出"矮丰号"小麦新品种，推动了中国的小麦矮化育种工作。广东育种专家黄耀祥培育出新的矮秆水稻良种。河北省农业科学院蔬菜研究所高级农艺师赖俊铭培育出西红柿、黄瓜、白菜等30多个优良蔬菜品种。

2. 化工与农业

20世纪60年代，中国兴建了衢州化工厂、吴泾化工厂和广州化工厂等大中型化肥厂。截至1965年年底，全国投产的中型化肥厂达到15个，合成氨的产量达到130万吨以上。在开发氮肥新工艺上，科技人员成功地研制了氧化锌脱硫剂、低温变换催化剂和甲烷化催化剂，使中国的合成氨技术达到了较高的水平。

1961年，上海联合化工厂和上海医药工业设计院成功地改进了有机氯农药"六六六"杀虫剂的生产工艺，大大提高了当时通用产品的数量和质量，达到了减少消耗的效果，降低了劳动强度。1964—1965年间，经过中国科技人员的研究与开发，先后投产了福美砷、甲基砷酸钙和退菌特等有机砷杀菌剂，解决了一些农作物防治病虫害的需要，并且使中国的农药生产实现了年产百万吨的目标，农药的产品质量和原料消耗等技术经济指标都达到了新的水平，为防治农作物病虫害、提高农业产量做出了贡献。

中国科研工作者大体上掌握了11种主要的农业病虫害的发生规律，并且提出了一些有效的控制和防治的方法，特别是深入研究了东亚飞蝗的生活史，为预报虫情进而消灭飞蝗虫害做出了贡献。昆虫学家邱式邦在长期的治虫工作中摸索出一套有效的方法防治各种病虫害，在20世纪40年代使用"六六六"防治蝗虫，使用DDT防治松毛虫。50年代在国内首次研究出查卵、查蝻、查成虫的蝗情技术，进而提出用毒饵治蝗的方法。60年代，研究出玉米螟防治技术，并且推广到全国。在70年代，倡导对作物害虫综合防治，并认为，应该开展生物防治的研究，创造出了一套适宜中国农村饲养草蛉的方法。

三、医学与医疗

20世纪50年代，流行性结核病的患病人群大都在农村地区（占了80%）。为了防治流行性结核病，医务人员在临床上搞清了结核病的特点，并且提出措施提高结核病人的发现率，还对结核病人进行登记，扩大免费治疗的范围。特别是为患病儿童接种卡介苗，并且不断增加接种的人数。这使得结核病的防治工作取得了很大的成绩，保障了民众的健康。1957年，国务院颁布了有关防治血吸虫病的指示，稳步地推进防治工作。中国医学科学院皮肤研究所承担全国的防治工作，实行"积极防治，控制传染"的原则，一旦发现新的

左 为儿童接种卡介苗

右 第一套广播体操

麻风病患者，立即切断传染的途径，并且对患者给予积极的治疗。

1. 人口与健康

从 1951 年新中国第一套成人广播体操颁布开始，迄今为止中国已经先后颁布了 9 套成人广播体操，在 70 年的历程中，民众在体操活动中达到了强健身体和愉悦心智之目的。其实在中国历史上，东汉末的名医华佗的"五禽戏"、八段锦以及太极拳等，也带有体操的意味。

1950 年，中国体育代表团出访苏联，对苏联的全民体操活动留下了很深的印象。便于大范围推广的体操运动让中华全国体育总会筹委会（简称体总筹委会）秘书杨烈深受启发，她于 1950 年年底提出报告，建议创编一套全民健身操。很快，体总筹委会委员刘以珍接受了编制体操的任务。她借鉴日本人的"广播体操"（中国人称之为"辣椒操"），编制出中国第一套广播体操。1951 年 11 月 24 日，中华人民共和国的第一套广播体操正式颁布。这一天，由中华全国体育总会筹备委员会、中央人民政府教育部和卫生部、中央人民政府人民革命军事委员会总政治部、中国新民主主义青年团中央委员会、中华全国总工会、中华全国民主妇女联合会、中华全国民主青年联合会和中华全国学生联合会等 9 家单位联合发出了《关于推行广播体操活动的通知》。同时，中央人民政府新闻总署广播事业局和中华全国体育总会筹备委员会也联合决定，在中央人民广播电台和各地人民广播电台举办广播体操节目，引导全国民众锻炼身体。12 月 1 日，中央人民广播电台第一次播出了广播体操的音乐。此后，各地人民广播电台陆续播放，每天有千百万人随着广播乐曲做操，这在中国历史上也是破天荒的。

大众广播体操的动作简便易学、负荷适中、适用面广。参与锻炼者以青年、中年人群为主，兼顾少年和老年人。适于机关、厂矿、学校、部队、社区、乡镇及家庭等户外、室内地点开展，适于工间（班前）、课间（课前）和闲暇时间等开展活动。每节体操分别对身体的主要关节、骨骼和大肌肉群等部位具有合理性、专一性的刺激，对人体各个运动部位的合理运动有益，可达到提高运动系统机能的目的。后来改编的广播体操更加注意突出趣味性和时代性的特点，在动作中加入了一些模仿游泳、武术、保龄球、射箭、健美操、踢毽等运动的基本动作，伴奏音乐流畅优美，使锻炼者容易产生兴趣，提高和增强锻炼效果。

眼保健操是一种专用于眼睛保健的体操，通过按摩眼部穴位，调整眼及头部的血液循环，调节肌肉，缓解眼部疲劳，预防近视等眼部疾病。1961年，北京市教育局在全市范围的中小学生中进行的视力普查显示，小学生的近视率为10%，初中生为20%，高中生为30%，于是便开始寻找一种能保护学生视力的良方。北京市教育局体卫处和北京市防疫站（现北京市疾病预防控制中心）的3位老师自行组成一个"工农兵协作组"，并了解到北京医学院（现名北京大学医学部）体育教研组刘世铭主任曾自创了一套眼保健操，于是请刘世铭创建了一套眼保健操，并配有文字说明和穴位图。1963年，她们经过试验，开始向北京市的学校推广，进而推广到全国。

2. 制药

从1958年开始，中国科学院上海生物化学研究所、中国科学院上海有机化学研究所与北京大学化学系的3个单位合作，组成了一个协作组，对胰岛素结构和肽链合成方法进行研究，利用化学方法合成胰岛素，并于1965年9月17日完成结晶牛胰岛素的全合成。这是世界上的第一个人工合成的蛋白质。1968年，中国

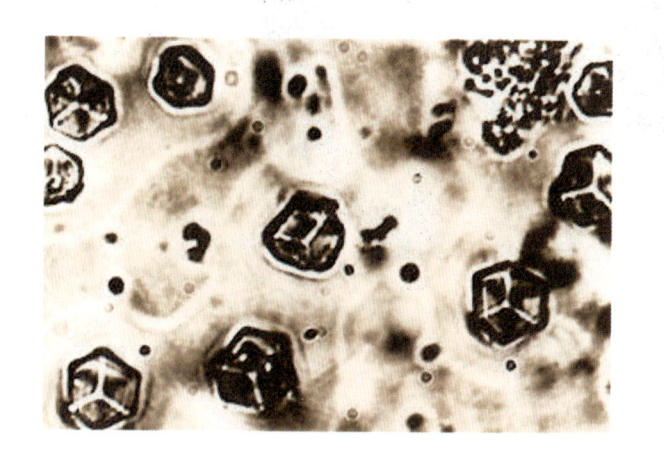

结晶牛胰岛素

科学家又开始人工合成核糖核酸，并且在1979年7月取得进展。1981年11月，科学工作者又人工合成酵母丙氨酸转移核糖核酸。

1966年，福建省微生物研究所科研人员王岳和助手从小单孢菌分离出庆大霉素产生菌，又经过3年的努力，研制成功抗生素"庆大霉素"，填补了国内空白。

中国传统医学遗产的整理、研究和发扬，也为现代医学的发展做出了贡献。疟疾、艾滋病和癌症被世界卫生组织列为世界三大死亡疾病。疟疾是由疟原虫引起的急性传染病，多由蚊子叮咬传播。若不及时治疗，疟疾可通过破坏重要器官的供血而导致患者死亡。仅2018年，世界上就有2.19亿疟疾病例，死亡40多万人，其中大部分是儿童。青蒿素联合疗法是当下治疗疟疾最有效的手段，也是抵抗疟疾耐药性效果最好的药物。青蒿是一种常用中药，在中国有两千多年的沿用历史，青蒿入药最早见于马王堆汉墓出入的帛书《五十二病方》。关于青蒿抗疟的记载首见于1000多年

前东晋葛洪所著《肘后备急方》，科学家屠呦呦受该书中记载的"青蒿一握，以水二升渍，绞取汁，尽服之"可治"久疟"的启发，采用低沸点溶剂乙醚冷浸青蒿叶末的方法提取浓缩物，所得青蒿的乙醚提取物（即青蒿素，一种白色晶体）对鼠疟原虫的抑制率达到了100%。这种抗疟药具有高效、低毒的优点，对各型的疟疾均有疗效，治愈率高。可喜的是，屠呦呦的团队利用青蒿素治疗盘状红斑狼疮有效率超过90%，对系统性红斑狼疮的有效率超过80%。

吴孟超在20世纪50年代最先提出肝脏"五叶四段"的见解。60年代初又首创常温下间歇肝门阻断切肝法，率先突破人体中肝叶手术禁区，施行了世界第一例完整的中肝叶切除手术。此后又带动全国肝癌切除手术的发展，使肝脏手术的死亡率从50年代的33%下降到5%以下。

1958年，中国成功地治愈了烧伤面积达89%的患者，在显微外科领域也取得了重要的成就。1963年1月2日早上，上海机床钢磨厂的青年工人王存百的右手腕关节被冲床切断，半小时后被送

左　屠呦呦

右　《葛洪肘后备急方》

到上海市第六人民医院。医院的陈中伟医生为王存百接上了4条血管、24条肌腱、3根主要的神经和2根骨头，成功地完成了世界上首例断肢再植手术，得到国际医学界的高度评价，并且被誉为"断肢再植之父"。此后，许多国家的医生在进行断肢再植时，都要参考陈中伟的经验。

四、交通技术

交通是指从事旅客和货物运输及语言和图文传递的行业，包括运输和邮电两个方面。随着交通的改善，人类的物质生产逐步从自给自足的方式，过渡到分工交换的方式。物质产品的分工交换有赖于现代工业社会的基础之一——交通运输。运输分为铁路、公路、水路、空路、管道5种方式。邮电包括邮政和电信两个方面的业务和技术。

1. 铁路

20世纪50年代，中国开始了大规模的铁路和公路建设。1952年7月1日，中国自主设计、组织施

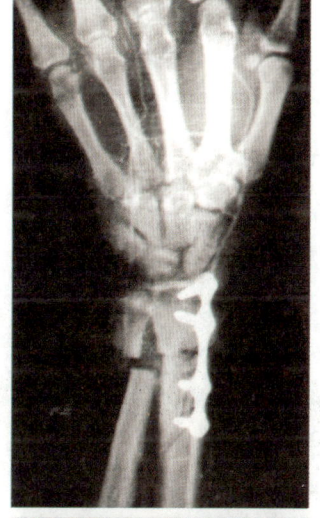

上 吴孟超

中 为王存百的断肢再植

下 "断肢再植之父"陈中伟

工建设的成渝铁路（成都到重庆）建成通车。成渝铁路建成之后，国家决定建设宝成铁路（宝鸡到成都），并于1958年建成。由于蒸汽机车不能满足不断增加的运量，1958年6月，国家决定对宝成铁路进行电气化改造，这条电气化铁路采用了苏联的先进技术。到1975年7月1日，中国第一条电气化铁路——宝成电气化铁路全线通车，为发展积累了宝贵的经验。到

上 行驶在宝成铁路上的电气机车

下 成渝铁路全线通车

2006年年底，中国建成电气化铁路24 000千米，成为俄罗斯之后的第二大铁路电气化的国家。今天，中国电气化铁路承运的运量已经超过铁路总运量的80%。此外，1954—1958年间，在内蒙古的包头到甘肃的兰州之间修筑了包兰铁路，其中从宁夏的中卫到干塘要穿过140千米的沙漠地带，要采取防沙和治沙的措施，以保证火车运输的安全。包兰铁路的建成为中国在沙漠地带修筑铁路积累了宝贵的技术和经验。

列车运行的关键部件之一是车轮。20世纪50年代，中国火车上使用的轮子大多靠进口，国家要花大量的外汇。人们把进口的轮子称为"洋腿"，自己铸造的轮子称为"假腿"。60年代初，邓小平副总理做出有关轮箍生产和研发的决策，为此，这个工程在当时被称为"邓小平工程"。建设这个工程的是位于安徽马鞍山的第一家车轮轮箍厂。现在，每天在轨道上行进的列车所用的中国产的轮子就超过400万个。

过去，在中国的西北地区，交通运输的水平是比较低的。在近代历史上，一些人希望把铁路修到新疆地区。20世纪50年代至60年代，陇海铁路的天水到兰州段修通后，沿着河西走廊，出嘉峪关、跨红柳河、经哈密和吐鲁番到达乌鲁木齐，全长1429千米，其中新疆境内的长度约700千米。1962年12月9日，兰新铁路全线通车，成为古老的丝绸之路上的一段重要的运输线路，大大加强了新疆与内地的联系。到80年代，兰新铁路还进行了西延工程和复线工程，提高了铁路的通行能力和运载能力。阿拉山口与哈萨克斯坦的铁路连接后，兰新线的长度增加到1889千米。如今，兰新铁路又建成第二双线，成为国内最长的客运专线，与既有的兰新铁路形成西北地区（甘肃、青海、新疆）对外大能力的铁路运输通道；另外，通过陇海铁路、兰渝铁路、太中银铁路的有效衔接，构成中国西北地区乃至华北、中南、西南地区的大能力运输网络。

这一时期，难度最大的铁路建设是成都到昆明的工程。线路全长 1096 千米，共设大小车站 124 座，设计速度 80 千米/小时，局部路段经改造后提速至 160 千米/小时。

铁路编组站是铁路枢纽的核心，对于车流的集散和列车解编极其重要。通常，在列车的一次全周转期间，在车站作业的时间和停留的时间要占到 70%，以便货车装货和卸货，要进行五六次调车作业，在编组站停留的时间往往要占到 30% 以上。为此，要加快编组站的现代化建设。在 20 世纪 50 年代，郑州作为连接中国华东、西北、西南的铁路交会点，就已经开始建设一座大型编组站，经历了 30 年、分为 5 个阶段的建设，最终在 1985 年建成。郑州北站编组站成为亚洲最大的铁路编组站。这个编组站每天接发列车 480 列，解体编组车辆 22 000 多辆。作为一个枢纽站，郑州北站编组站在中国铁路网中发挥着重要的作用，而且在中国大规模的经济建设到

上 成昆铁路的工程建设

下 建成后的成昆铁路

上右 武汉长江大桥

上左 郑州北站编组站

下 武汉长江大桥纪念邮票

来之时发挥着"调节器"的功能，还起到了"晴雨表"的作用。

2. 桥梁

在湖北武汉建设跨江大桥，最早是孙中山先生提出的。20世纪50年代，苏联派出桥梁专家与中国的专家一起制定在武汉建设跨江大桥的方案。1957年10月15日建成通车，使京汉铁路与粤汉铁路实现贯通，形成京广铁路线。大桥全长1670米（正桥为1156米），桥身共有8墩9孔。8个桥墩中，除了第7墩，都采用"管柱钻孔"施工法，是当时世界上最先进的施工方法。武汉长江大桥是我国营运时间最长、运量最大、载荷最大的大桥，经历了几

第六章 技术研发与工程建设

次大洪水和大撞击的考验。

1956年开始进行南京长江大桥的选址、勘探和测绘工作，并于1958年9月进行施工（后在60年代初中断）。由于要把桥墩建立在基岩之上，最深处达到70多米，施工的难度很大，加上"文化大革命"的干扰，直到1968年12月28日才全面建成通车。大桥的建成使津浦铁路与沪宁铁路贯通。

需要指出的是，武汉长江大桥和南京长江大桥都是铁路公路两用桥，并且拉开了中国桥梁建设的序幕。到今天，在长江之上已经建成跨江大桥70余座。

3. 轮船

20世纪50年代，大连造船厂按照苏联专家的设计建造远洋货轮。在建造船体时，在船台上只用了58天的时间就建成了，在当时创造了一个纪录。这艘名为"跃进号"的货轮全长近170米，排水量为22 100吨，载货量为13 400吨。它能在封冻的海域破冰而行，可以在中途不用靠岸补充燃料直接驶抵世界上的任何港口。遗憾的是，1963年，"跃进号"在航行时触礁沉没。此后，上海江南造船厂开始建造"东风号"货轮，于1968年1月8日建成。它的排水量为17 186吨，载重量为11 754吨，航速为17节。

1961年4月28日，中国远洋运输总公司（今简称"中远集团"）的远洋轮"光华号"首航印度尼西亚。这艘轮船是周恩来总理特批从国外购置的一艘英国制造的远洋客货轮（已退役）。中国远洋总公司成立时只有4条轮船，总载重量也只有区区2.26万吨。陈毅副总理在1964年参观"光华

上 南京长江大桥　　下 跃进号

号"时曾即兴填词《满江红》,其中有"待明朝舰艇万千艘,更雄放"的句子。对于公司的发展,周总理提出:"坚持买造并举,方利我远洋运输事业。"该公司曾在20世纪60年代末70年代初购轮船,并在国内造船,现在,船队的总载吨位已超过5600万吨,货运量超过4亿吨;远洋航线覆盖全球160多个国家和地区的1600多个港口,船队规模居中国第一、世界第二。

4. 汽车

"一五"期间，建设第一汽车制造厂（选址在吉林省长春市）是苏联援建的156个项目之一。1956年7月13日，第一辆"解放牌"载重汽车下线。它的型号

上 第一批解放牌汽车驶出总装配线
下 长春一汽改造后的汽缸加工自动线

是CA10型，仿制的是苏联"吉斯150"汽车。从1958年开始，第一汽车制造厂开始制造"东风牌"小轿车。其发动机仿制的是德国的"奔驰190"，底盘仿制的是法国的"西姆卡"。1959年，第一汽车制造厂又研制成功"红旗牌"高级小轿车。2018年11月30日，第一汽车制造厂的生产线上走下了第700万辆"解放J7型"汽车。从2009年起，中国一直就是世界第一大汽车生产国和新车消费市场，2017年的汽车产量已经超过3000万辆。

1967年4月，湖北十堰地区开始建设中国第二汽车制造厂，1975年7月建成，生产"东风牌"载重汽车。

1990年，北方重型汽车股份有限公司生产出中国最大的矿用汽车，载重量为100吨。

左 大庆到秦皇岛的地下输油管道工程

右 大庆油田会战

后来，公司为三峡工程设计并生产出大型的侧卸式载重汽车。

5. 港口与管道

物流在社会发展中的作用是不言而喻的，而作为一种基础建设，港口的建设和发展也越来越受到重视。

20世纪60年代，大庆原油产量持续增长，到20世纪70年代，大庆原油产量已经具备了出口（创汇）的能力，但铁路运输早已不能满足大庆原油外运的任务了。在周恩来总理的主持下，1973年8月3日开始建设从大庆到秦皇岛的地下输油管道工程，并被命名为"83"工程。这条管道的长度是1152千米，管道的直径是720毫米，双线输油。在这条管道上，要建设12个泵站，穿越145条大小河流和15座山岭。工程最终在1974年年底建成，除了确保大庆原油的外运之外，这条管道还标志着中国继铁路、公路、航运、水运之后形成了第五大运输产业。

从大庆到大连的输油管道的工程完工后，当时中国的港口是非常落后的，其吞吐量之和还不如荷兰阿姆斯特丹一个港口的吞吐量。为此，1973年2月27日，周恩来总理在一次工作会议上提出批评，并提出进行港口建设的指示，即在大连进行新的建设。从1974年11月开始，到1976年4月底建成了一座10万吨的深水油港，7月5日为一艘外国油轮装油。

6. 航线的开辟

1949年11月，一批原中国航空公司和原中央航空公司的员工宣布脱离国民党的领导，并驾驶12架飞机从香港飞到北京和天津。为此，毛泽东主席致电说，"这是一个有重大意义的爱国举动"。

周恩来总理也说，"这是具有无限前途的中国人民民航事业的起点"。1950年8月1日，中国国内的第一条航线正式开航，被称为"八一开航"。这一天使用的大型飞机被命名为"北京号"，"北京"二字为毛泽东手书。这一天开辟的航线有两条，即北京—汉口—广州和天津—汉口—重庆，还开辟了4条支线；同时开通的还有中苏民用航空的3条直达航线。"北京号"现存放在中国航空博物馆，供大家参观。

为了加强西藏自治区与外界的联系，在修建了青藏公路和川藏公路之后，1956年5月26日又实现首航拉萨。应该说，开辟这条航线是不容易的。在历史上，已有的尝试均告失败，而且造成160多位飞行员丧生，进藏的航行被视为"畏途"，并被视为"空中禁区"。中国民航的飞行员潘国定（有10 000多小时的飞行经验）遵照党中央的指示，与机组人员一起开辟北京—成都—拉萨的航线。他们驾驶"北京号"飞越唐古拉山和念青唐古拉山，飞行了1424千米，历时近4个小时，降落在拉萨北的当雄机场。5月29日，国防部长彭德怀发布命令，嘉奖有关的空勤和地勤人员。5月31日，陈毅副总理为团长的代表团乘机飞往拉萨，成为第一批进藏的空中旅客。1965年3月1日，北京到拉萨正式通航。最初使用的是苏制飞机"伊尔18"，后改为波音707，再改为波音757和空中客车A340。此后又开辟了拉萨到成都、西宁和加德满都等十余条航线，使拉萨与外界的联系更加广泛，也更加紧密。

1990年，江泽民总书记到西藏视察。西藏自治区政府向江泽民总书记提出建设邦达机场（位于昌都）的建议，得到江总书记的支持、党中央的批准，并于1995年4月28日建成。昌都邦达机场位于昌都八宿县境内，距离市区约126千米，被称为"世界上离市区最远"的民用机场。海拔4300多米，为目前世界上海拔排名第二的高原机场（仅次于稻城亚丁机场），其所在地区气候多变，1995年4月机场的成功通航创下了人类民用航空飞行史上的奇迹。

昌都邦达机场

第七章
国防建设成就

中华人民共和国成立之后，国防工业一直受到高度重视。以地面火炮技术为例，今天已形成了地面炮兵与高炮和航空导弹相结合的武器系统。而地面炮兵的装备包括迫击炮、榴弹炮和自行榴弹炮、火箭炮以及战役战术导弹的集成体系。具体到火箭炮的研制工作，20世纪50年代至60年代，由于解放军对于炮兵武器的需求，特别是对技术水平的要求很高，1958年开始研制多管火箭炮，并且在1963年7月取得成功。新式火箭炮的射程和射击精度都能满足部队的需求。国家在1956年2月提出《建立我国国防航空工业的意见书》，对于飞机和火箭的研制工作做出了重要的建议。此后在中央军委的多次会议上专门讨论发展航空技术以及导弹的制造工作等。3月14日，周恩来总理在一次会议上决定建立国防部航空工业委员会，并于4月17日成立该委员会。为了加快研发工作，中国政府向苏联政府提出希望获得援助，并得到了

后者的响应。为此，中国向苏联派出留学生，学习导弹技术，同时，苏联还派出 5 名教授来华从事教学工作。

中国国防尖端武器的发展，正如邓小平评论："如果六十年代以来中国没有原子弹、氢弹，没有发射卫星，中国就不能叫有重要影响的大国，就没有现在这样的国际地位，这些东西反映一个民族的能力，也是一个民族、一个国家兴旺发达的标志。"1954 年 10 月，苏联共产党中央第一书记赫鲁晓夫访问中国，毛泽东提出，希望苏联在原子核研究上提供帮助，苏联援建了一个小型实验性核反应堆，以帮助中国培养原子核物理学研究人才。据说，苏联物理学家沃罗比约夫来到中国科学院物理研究所，当时，物理研究所只有 60 名物理学家；到 1959 年 11 月他离开时，已培养了 6000 名物理学家。

左 郭永怀和他的学生们

右 东风 1 号弹道导弹

一、导弹

导弹运载的战斗部是发挥作用的部件，作为运载工具的导弹也可用于民用。1956 年 10 月，国防部第五研

左　东风2号弹道导弹

右　安装东风2号的弹头

究院（即导弹研究院）成立，建立了10个研究室，研发工作涉及导弹总体、发动机、弹体结构、推进剂、控制系统等。1958年3月，第五研究院在北京地区组织实施4项工程建设，即导弹总体与发动机研制、控制系统研制、发动机试验、空气动力研究。与此同时，第五研究院还开展了苏制伊尔–2型近程地对地导弹的仿制工作。

1959年6月，在苏联终止中苏签订的《国防新技术协定》之后，国家把国防科研部门、中国科学院、工业部门、高等院校和地方科研部门五路科技大军组成一个协作网。如中国科学院先后动员30多个研究所的科技人员，承担了300多个科研项目，解决了一些重大且关键的技术问题。1960年11月至12月，连续组织了3次"东风–1"（DF–1）导弹发射的试验，都获得了成功。

1964年6月29日，中国自行研制的第一代中近程导弹"东风–2"（DF–2）试验成功。"东风–2A"（DF–2A）可携带1.5吨的高爆弹头，或1.29吨的核弹头。此后，还携带核弹头进行试验，也取得了成功。中国的导弹研制，从"东风–2"到"东风–5"，从"东风–11"到"东风–41"，再到高超音速的DF-ZF，作为当今世界上唯一的可覆盖各种类型的弹道导弹，"东风"家族拥有一系列不同射程、不同发射方式和不同部署方式的导弹成员，它们一起构成了中国强大的战略打击力量。

早在1965年，经周恩来总理批准，中国开始研制洲际导弹；20世纪60年代末曾经实施代号为"718工程"的研制计划，研制导弹型号为"东风–5"（即DF–5）。1971年7月，曾经进行过两次低弹道的飞行试验，1979年1月进行了全程飞行试验，"东风–5"研发成功。全程飞行的导弹（型号是"DF–5B"）是从东风发射场向南太平洋发射，还确定试验的代号为"580任务"，对外的名称是"运载火箭试验"。1980年5月18日，导弹发射后，飞行了9068千米后准确地落入预定海区。落点的误差仅为250米，远低于设计的误差（2千米）。导弹在落点激起了高达200米、直径约30米的水柱。这个水柱的顶部是海水蒸腾而形成的水蒸气团（像原子弹爆炸时形成的"蘑菇云"）。弹头落下后，被海上舰船回收。这一次的洲际弹道导弹试验成功，是中国继原子弹、氢弹、导弹核武器和人造卫星之后，在尖端技术领域的又一重要成就。

上 东风–4号弹道导弹
下 东风–5洲际弹道导弹

1981年，中国进行了"多弹头技术"的试验，即"一箭三星"的试验，并取得成功。3颗卫星分别是"实践2号""实践2号甲"和"实践2号乙"。这种技术的军事价值是明显的，并且在民用上也是大有可为的。

二、原子弹和氢弹

在核物理研究领域中，1958—1967年不到10年的时间内，我国先后研制成功原子弹和氢弹，大大加强了中国的国防力量。从基础物理研究来看，我国在轻核反应、中子物理、核理论、重离子核物理、核谱学和核衰变等方面的研究已达到较高的水平。

为了研制原子弹，中国科学院成立近代物理研究所，先后组织吴有训、赵忠尧、王淦昌、钱三强、何泽慧、彭桓武、邓稼先等科学家以及一批科技人员进行核科学研究工作，为中国的核科学研究工作奠定了基础。

左 吴有训

中 彭桓武

右 钱三强与何泽慧

坐落在北京东黄城根甲 42 号的近代物理研究所

从 1954 年开始，中国陆续开展铀矿资源的勘探、开采和冶炼工作，建成了核燃料工厂。此后，中共中央成立由陈云、聂荣臻和薄一波组成的领导小组（也称为"三人领导小组"），负责原子能事业的发展工作。1956 年，国务院成立第三机械工业部（1958 年后改称为"第二机械工业部"，简称为"二机部"，后改称为核工业部），具体负责和组织中国原子能事业的建设和发展工作。1958 年，二机部在北京通县建成"铀矿选冶研究所"，负责研究和生产氧化铀、四氟化铀。

铀同位素分离技术中，气体扩散分离机要使用"扩散分离膜"，这被苏联人称为"社会主义安全的心脏"，并严守机密。1960 年，钱三强先后在原子能所和上海冶金所组织研制工作。研制分离膜涉及的粉末冶金、物理冶金、压力加工、金属腐蚀、电化学、机电设计与制造、焊接、分析测试、后处理等众多技术，1961 年，钱三强和裴丽生又调集原子能所、沈阳金属所、上海复旦大学的科技人员，专门组建一个研究室，请冶金所副所长吴自良组织联合攻关。1963 年年底，甲种分离膜元件终于试制成功，保证了铀分离厂顺利开启。

　　1957年，中国科学院兰州物理研究室（后改为"兰州近代物理研究所"）成立。1958年7月，中国科学院近代物理研究所改为中国原子能科学研究所，简称"原子能研究所"。与此同时，一些高等院校也成立专门的核物理专业，以支持原子能科学研究工作。1957—1959年间，原子能研究所还举办了7期同位素学习班，以培养原子能科学技术的专门人才。1958年，山东大学王普在青岛举办了"基本粒子与原子核理论"暑期讲习班，当时邀请朱洪元和张宗燧来讲学。1959年6月，苏联终止了两国政府达成的协议，并将专家撤回。这样，中国只得自主研制，并把原子弹的试验工程命名为"596工程"。1962年11月，国家又成立了以周恩来为主任的十五人专门委员会，以加强对原子能工业的建设和核武器的研制工作的领导。共有20多个国家部委和20多个省区市的近千

一 裴丽生　二 吴自良　三 王普　四 朱洪元　五 张宗燧

家工厂、院校和科研单位，参加了研制原子弹的各项工作。

科技人员经过两年多的论证和大量的计算，对于以浓缩铀为装料的原子弹的反应过程有了较为充分的认识，并提出了第一颗原子弹的设计方案。

中子是产生核反应的关键，原子能研究所和核武器研究所共同承担并在1962年年底研制出符合要求的中子源装料，1963年12月成功进行爆轰试验。

中国的第一颗原子弹以高浓缩铀为核装料，生产高浓缩铀的兰州铀浓缩厂于1958年建设，1961年完成扩散机组的安装和扩散机的氟化处理，并使用简法生产，在原子能研究所建成装置，于1963年试制出来。

1962—1963年，在二机部矿业局的组织下，各地铀矿和铀水冶厂建成投产。包头核燃料元件四厂氟化铀车间和酒泉原子能联合企业六氟化铀厂也可以生产出产品，提供兰州铀浓缩厂所需要的原料。

左二 邓稼先
左一 成功研制出点火中子源的工棚实验室
右二 《人民日报》的号外
右一 中国第一颗原子弹爆炸成功

　　1963年3月，由邓稼先和周光召等人签署的原子弹理论设计完成。1964年1月，兰州铀浓缩厂获得可作为原子弹装料的高浓缩铀，第一套核部件生产成功，武器级高能铀核心部件也准备就绪。6月6日，在青海海北藏族自治州的金银滩的基地，全尺寸的聚合整体爆轰试验成功。这标志着爆炸原子弹的最后一道难关被攻破。此后，在新疆罗布泊建成一座高102米的铁塔。

　　1964年10月16日15时，代号为"邱（球）小姐"的中国第一颗原子弹在罗布泊核试验基地爆炸成功。这颗原子弹的爆炸当量为2.2万吨。

　　值得一提的是，1950年12月，在

第七章 国防建设成就

四川省江津县（现江津市，下辖于重庆市）诞生了中国人民解放军防化兵学校，后迁到北京昌平县（今昌平区）。这所学校的建立标志着中国人民解放军防化兵种的正式建立。防化兵属于高科技兵种，是为了适应现代战争的需求而建立的。防化兵的主要任务是在部队受到敌方核攻击或化学武器、细菌武器的攻击之时，观测、侦查并发现敌方的这些攻击，并查明其沾染的程度，为部队配备适宜的装备，利用清洗消毒的方法打扫战场，使部队免受毒害，提高部队的生存和综合作战的能力。中国首次核试验中，防化兵在爆炸后率先开进爆心，迅速准确地利用科学数据证实确实是产生了核爆炸，而非化学爆炸，进而宣布中国首次核试验成功。

从1965年11月起，中国自主研制的地对地导弹在西北综合导弹试验基地进行了多次试验，均获得了成功。1966年10月27日9时，中国首次使用地对地中近程导弹运载原子弹，成功地进行了"两弹结合"的发

一　中国首次使用地对地中近程导弹运载原子弹的试验

二　黄祖洽

三　于敏

四　防化兵进入核试验场

射核试验。这样,基于自主研发能力的技术,中国拥有了可用于实战的导弹核武器。

从理论上说,相比原子弹的研制,氢弹的研制要复杂得多。1960年12月,钱三强组织原子能研究所的黄祖洽和于敏等人组成轻核理论组,开始了氢弹理论的探索。1963年9月,核武器研究所组织科技人员设计含有热核材料的原子弹;1965年5月,通过理论上的探索和积累的试验数据,提出了研制氢弹的理论。得到批准之后,在邓稼先的领导下,于敏带领大家逐步搞清楚了氢弹的原理,经过大量的计算,终于找到了获得自持的热核反应的条件,并且找出了一种新的氢弹制作的方案,进而突破了氢弹制造的最为关键的环节。

爆炸第一颗原子弹2年8个月后,1967年6月17日,我国第一颗氢弹爆炸成功,再次震惊世界。这得益于钱三强和刘杰当年的运筹帷幄:1960年,在原子

刘杰

弹攻关任务紧张繁忙之际，钱三强开始组织原子能所的黄祖洽、于敏、何祚庥等进行氢弹理论预研究，先后对氢弹各种物理过程，包括各种有关核反应截面的调研、整理、分析与计算等进行了探讨和研究；还进行了氢弹作用原理和可能结构的探索研究，包括认识和发现点火和燃烧点是两个临界点等。后来，钱三强自己总结说："这就是说中国人并不笨，外国人能做到的，中国人经过努力，也能够做到。"

加速氢弹研制的另一个条件是热核材料的生产和热核材料部件的研制。二机部将原子能研究所从事氢同位素分离的科技人员调到包头的核燃料元件厂，一起解决技术难题。科研人员大力协作，并且围绕热核材料生产中的90余个难题进行攻关，终于使得氘化锂-6实现生产。此外，在化工部的组织下，大连油脂化工厂和上海化工研究院合作进行利用电解交换法制取重水的试验，生产出合格的重水。

1966年5月9日，中国进行了第3次核试验，这颗原子弹含有部分热核材料，验证了科学家提出的氢弹理论，证明中国科学家提出的方案是简便且可行的。1967年6月，中国进行了全当量的氢弹试验，并获得了成功，爆炸当量达330万吨。

三、核潜艇

核潜艇的研制难度比较高，涉及的专业是很多的，可以说核潜艇是各种尖端技术的一个集合体。建造一艘核潜艇需要的材料达到1300多种规格，安装在艇上的设备、仪表和附件有2600多种、4.6万台（件），电缆300多种、总长达90多千米，管材270种、总长30余千米。

1958年年初，中国第一座研究性的重水反应堆投入运行，并且常规动力潜艇也已建成。聂荣臻副总理向中央提出发展核潜艇的报告，得到批准之后，成立了领导小组，以筹划和组织核潜艇的研制工作。1961年，由于国家经济困难，核潜艇的研发工作只得延缓，只有核动力和艇总体等项目的工作仍然进行。经济有好转后，核潜艇的研制工作才继续展开，但仍分两步进行，即先研制反潜鱼雷核潜艇（也称为"攻击核潜艇"），再研制弹道导弹核潜艇。1966年，核潜艇的研制工作全面铺开。参加这些研制、设计、试验和生产工作的单位有2000多家，涉及24个省、（直辖）市、（自治）区和国务院下属的21个部委。从协作的角度看，这在中国是空前的。核潜艇动力装置的研制工作由核动力研究所承担，科技人员确定了反应堆、控制棒、燃料元件等的结构以及反应堆的热功率、主参数等。在相关部门的协同下，最终完成了核动力装置的研制任务。

在导弹核潜艇的研制工作中，其技术关键是潜地导弹的水下发射技术和精确的水下导航定位技术。国防部第七研究院713研究所负责导弹发射装置的研究与设计工作，根据一系列试验的结果，确定了燃气动力和导弹冷发射的方案。1972年10月，首先在常规导弹潜艇改装的试验潜艇上成功地进行了全尺寸模型导弹水下发射试验，并取得了成功。这对于攻克水下发射关键技术具有重要的意义。

中国第一艘核潜艇的外形呈水滴形。实艇的试验表明，第一艘核潜艇的水动力性能良好，水上和水下的操纵性能优良，在水下的航速也比常规的线型潜艇速度快得多。核潜艇的水声系统、通信系统、鱼雷和高精度惯性导航系统等大都具备较好的性能，中国第一艘核潜艇「长征一号」

包括采用多种新技术的远距离噪声测向站、超长波收信机和大功率超快速短波发信机等。这就能保证核潜艇到远洋活动，可从上万千米之外发回报告和接收命令。反潜电动声自导鱼雷、深水鱼雷发射装置和数字式鱼雷射击指挥系统等装置也在20世纪60年代末到70年代中期研制成功，并且装备到艇上。

1968年11月，中国第一艘核潜艇船体正式开工建造，1970年12月完成核反应堆的安装并下水。该潜艇可航行几千海里，性能能够达到设计的指标，中国自行设计研制的第一代核潜艇是成功的。1974年8月1日，该潜艇被中央军委命名为"长征1号"，1983年8月，正式编入海军的战斗序列。中国成为世界上第5个拥有核潜艇的国家。

中国进行的原子弹和氢弹试验都在世界上引起强烈的反响，中国也由此进入了核技术的先进国家行列。1984年，中国加入国际原子能机构；1992年，中国签署《不扩散核武器条约书》；1996年之后，中国未再进行过与核武器相关的任何试验。

1999年9月18日，在庆祝中华人民共和国成立50周年之际，中共中央、国务院和中央军委授予23位为研制"两弹一星"做出突出贡献的科技专家"两弹一星"功勋奖章。

四、人造卫星和卫星通信地球站

1956年，国防部第五研究院的成立，标志着中国航天事业的开始。

按照"十二年科技规划"，中国的火箭研制开始走上一条自主发展的道路。1958年9月，中国第一枚高空探测火箭（6米长）在吉林省白城子试验，揭开了中国空间时代的帷幕。这枚火箭被命名为"北京二号"，是北京航空学院（今北京航空航天大学）研制的。

北京二号

1970年4月，中国第一次成功发射人造卫星，标志着中国独立自主地掌握了进入太空的能力。

20世纪60年代至70年代，中国研制卫星的任务大多是在周恩来总理的布置下进行的。在"文革"期间，尽管研制工作受到极大的干扰，科技人员还是想办法继续下去，并于1970年4月24日，将中国自主研发的人造卫星"东方红一号"自主发射成功。卫星直径1米，质量达173千克。按照周总理的要求，卫星要上得去、抓得住、看得见、听得着。借助"长征1号"火箭发射上去，并且借助自己研发的遥测和跟踪系统及时地报告卫星在预定轨道上的运行情况。这颗卫星的任务是进行卫星技术试验，探

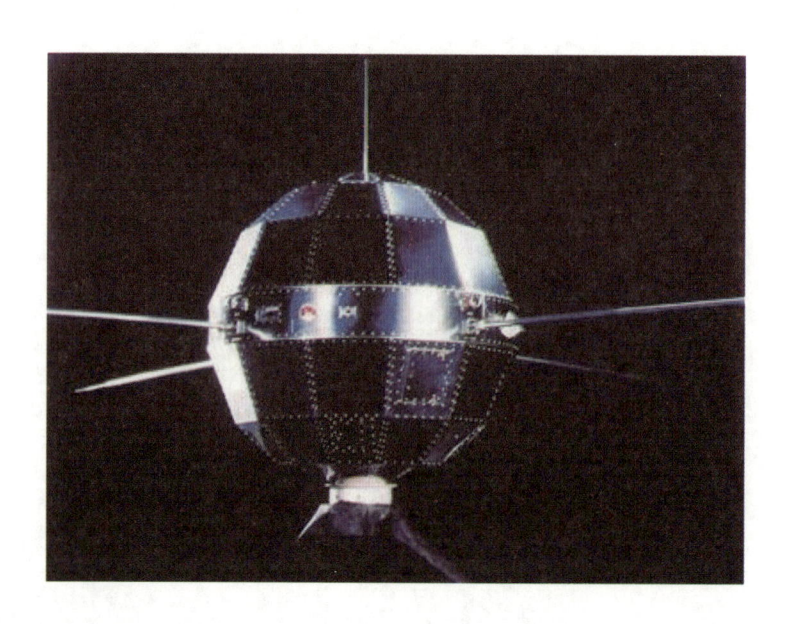

我国第一颗人造地球卫星"东方红一号"

测电离层和大气密度。这标志着我国成为继苏联、美国、法国、日本之后，世界上第五个用自制火箭发射国产卫星的国家。

20世纪70年代初，为了转播美国总统尼克松和日本首相田中角荣先后访华的新闻，我国邮电部门租用美国的卫星地面站，开通了中美间卫星通信。1973年5月，国务院向第四机械工业部（简称为"四机部"）提出，在两三年内研制出中国自己的卫星通信地球站，为此，江苏省动员了120多个企业，搞卫星通信地球站的"大会战"。到1975年12月24日，我国自行研制的卫星通信地球站已经可以接收到位于印度洋上空的国际卫星发射的电视信号，开创了通信事业一个新的开端。20世纪70年代，光缆通信还未发展起来，微波通信也受到很大的限制，卫星通信是最为重要的通信手段。第一座卫星通信地球站的研制成功对于开创中国卫星通信事业的新领域是非常重要的。

由于中国的第一颗返回式卫星主要用于国土普查，为了得到精准的观测资料，中国科技人员研发出第一代胶片型航天光学遥感相机。这种相机能够清晰地分辨出公路或码头等目标。这种相机集成了光学、精密机械、电子学、热控和航天技术，难度是很高的。北京空间机电研究所的科技人员突破了一系列技术难题，研制成功中国第一代对地观测相机，使中国的第一颗返回式卫星获得了大量的观测资料。1975年11月26日，中国的返回式卫星"尖兵1号"终于由长征2号运载火箭发射成功。它在轨道上运行了3天，装载了60千克胶片，11月29日按预定时间返回了中国大地——四川遂宁。后来，返回式卫星是中国发射次数最多的一种卫星，也创造出比较好的经济效益。中国成为继美、苏之后世界上第三个掌握返回式卫星技术的国家。1974—2006年，中国先后进行了24次返回式卫星的发射，其中23颗返回式卫星顺利入轨，22颗成功回收，是中国最成功的航天计划之一。返回式卫星不仅可以进行遥感、微重力实验和新技术试验，还为中国载人飞船返回技术提供了重要借鉴。

在"两弹一星"与核潜艇的研制工作中，中国科技人员怀着满腔热情，克服国家经济和技术基础薄弱、工作条件十分艰苦等种种困难，为我国国防科技的发展做出巨大的贡献。老一辈科学家所取得的成就已成为一笔宝贵的精神财富，激励着后人继续前行。

第八章
基础科学的研究与进展

中华人民共和国成立之初,国家的科技基础甚为薄弱,国家从科技和科教体制上入手,经过积累,逐步形成了一支较为完整的科研队伍,以解决工业、农业和交通、通信等领域的各种技术问题。经过30年的发展,经过几代人的奋斗,中国科技产生了质的飞跃,形成了较为完整的科技体系,已有能力将大量的科研成果转化为现实的生产力。20世纪50年代所规划的科技事业逐渐开花结果,为中国政治、经济、国防和文化教育的发展做出难以估量的贡献。今天,中国和平崛起,无论硬实力还是软实力,科技的贡献都是巨大的。1978年,中国共产党在社会主义发展的方向上做出了重大的调整,即实行改革开放的新国策,建设有中国特色的社会主义,从理论与实践上发展社会主义和马克思主义。在科学大会上,就科学技术对于中国发展的意义,邓小平给出了系统的阐述,中国迎来了"科学的春天"!

一、物理学和天文学

中国物理学家不仅在物理学诸领域取得了很大的成绩，在发展国民经济和加强国防实力的工作中，相关的技术发展和开发也做出了重要的贡献。他们的研究成果大大丰富了物理知识的内容，开拓出一些新的研究领域。同时，他们的研究对确立中国在国际学术界的应有地位具有重大的意义，极大增强了炎黄子孙在科学研究上的自信心。

1. 核物理学与粒子物理学

1996年8月，中国科学院近代物理研究所与高能物理研究所合作，在世界上首次合成新的元素锔–235，使中国新元素合成与研究达到了一个新的水平。

合成新的元素锔–235

一 中国第一台质子直线加速器

二 北京正负电子对撞机的双储存环

三 首创亚洲第一束红外自由电子激光

四 赵忠尧在北京正负电子对撞机、北京谱仪鉴定书上签字

20世纪80年代，我国大力建造加速器，先后建成北京高能物理研究所的22亿电子伏特正负电子对撞机、兰州近代物理研究所的重离子加速器和中国科技大学的同步辐射加速器。这些加速器的建成为我国的高能物理和核物理研究提供了有利的技术条件。

1982年12月17日，中国第一台质子直线加速器建成。这台加速器首次引出能量为1000万电子伏的质子束流，在工业和医学上有着广泛的用途。直线加速器可以单独用来实现粒子加速，也可以作为环形加速器的前端系统，使粒子加速到一定能量然后再注入储存环里面，等储存环中粒子团足够大时再一次性引出进行对撞实验或者以同步辐射模式实现出射光束。

北京正负电子对撞机（简称"BEPC"）建成后，于1988年10月16日开启

第八章 基础科学的研究与进展

187

百年科技强国路

BEPC Ⅱ 的电子直线加速器全景

离子加速器主注入器

重离子加速器主加速器——大型分离扇回旋加速器

对撞实验,并获得成功。中国在高能物理实验研究领域"占有一席之地",中国高能物理研究所也跻身世界八大高能物理研究中心之一。

北京正负电子对撞机包含:直线加速器隧道、储存环及运输线隧道、北京谱仪和围绕储存环的同步辐射实验装置等部分。从 1990 年运行以来(2009 年 BEPC 完成一次改造升级,即 BEPC II),在国际上保持着一定的优势,至今仍然是国际上最先进的双环对撞机之一。科技人员使用这台加速器取得了许多成果,例如,2013 年发现某种粒子是由 4 个夸克组成的,命名为 Z_c(3900)。此外,同步辐射系统还在材料科学、地球科学、生物医学、环境科学、化学化工、微机械技术、微电子技术和考古等研究领域发挥重要的作用,并取得了一大批重要的研究成果。例如,2008 年,法国人发现了大量白垩纪中期的动物化石,总共 365 种,但都被琥珀包裹着。古生物学家正是利用这套同步辐射系统,把包裹在琥珀中的化石——包含着蚂蚁、蜘蛛、苍蝇和螨等——展现出来。

此外,兰州重离子加速器国家实验室成功设计和建造了我国第一台大型重离子加速器(简称 HIRFL)。

在物质科学领域,我国科研人员在量子器件、纳米材料、凝聚态物理等前沿领域取得了一大批研究成果。在半导体超晶格理论研究和实验研究上,20 世纪 80 年代以来取得很大进展,做出了一些有影响的工作,并成功地制备出一些超晶格材料。在国际上,首先提出了介电材料超晶格的理论体系,把半导体超晶格概念扩展到介电体,研制出周期、准周期和二维调制结构介电体超晶格;实现了超短、超强激光吸收机制相互转换规律,实现了超热电子的定向发射和控制,解开了锥靶中子增强之谜。

2. 超导

20世纪50年代，我国物理学家洪朝生先后设计和制造出能够生产液氢的液化器，到80年代制冷温度已达毫开的水平。我国的低温物理和技术的研究主要是立足于自己研制的这些装置。从19世纪80年代末到20世纪80年代的百年时间内，科学家发现了一种被称为"霍尔效应"的磁电效应，以及在强磁场和极低温下的"特殊霍尔效应"，也被称为"量子霍尔效应"。2013年，清华大学薛其坤的团队利用拓扑绝缘体材料实现了不借助强磁场的量子反常霍尔效应。

通常，超导体的临界温度存在着40开（-233℃）的理论上限，即"麦克米兰极限"。如果能突破这个限制，找到临界温度较高的超导体，就可能极大降低超导技术

赵忠贤

的使用成本，为更广泛的应用铺平道路，这便是"高温超导"。20世纪80年代中期，人们首次发现铜基超导体有较高的临界温度。这引发了关于高温超导材料的研发，有200多个实验室参加了角逐。1987年，美国休斯敦大学的朱经武、吴茂昆研究组和中国科学院物理研究所的赵忠贤团队分别独立发现临界温度达到90开以上的铜基超导体。中国科学家在这场"竞赛"中成果卓著，并在几种不同成分的超导材料的研制上做出了贡献。此外，在利用高温超导材料制备超导量子干涉仪和其他电子器件上也取得了一定的进展。2008年，日本科学家意外发现，铁基化合物临界温度可达26开。这一发现为高温超导探索开启了新的方向。我国科学家采用"稀土替代"方法，发现了超导临界温度可达26开、43开和52开的铁基超导材料，突破了"麦克米兰极限"，随后经过优化，又创造了常压下临界温度55开的纪录。

3. 天体的探测

无线电电子学是探测技术发展的基础，具有重要的价值。作为中国无线电电子学的奠基人，孟昭英执教60年，在培养人才、实验室建设和教材编写等方面都做出了重要贡献，在微波波谱学、电子学和阴极电子学的研究中都有建树。在1964年，陈芳允参加卫星测控系统的建设，完成了微波统一测控系统的研发，这也是支持通信卫星的主要设备，为中国人造卫星的研制做出贡献。

2017年，酒泉卫星发射中心发射的"慧眼"硬X线调制望远镜（简称HXMT）卫星是中国首颗X线天文卫星。"慧眼"卫星总质量2500千克，卫星轨道高度550千米。"慧眼"的有效载荷分系统主要包括3种望远镜：高能X线望远镜（HE）、中能X线望远镜（ME）和低能X线望远镜（LE）。"慧眼"对银河系进行高灵敏度、高频次的宽波段X线巡天，在国际上首次系统性地获得银河系内高能天体活动的动态图景，发现大量新的天体和天体活动新现象。

2017年10月16日,LIGO-Virgo引力波天文台及全球多个天文台同步发布重大天文学发现:首次直接探测到了由双中子星合并产生的引力波及其伴随的电磁信号(事件编号GW170817)。"慧眼"卫星在GW170817引力波事件发生时成功监测了波源所在天区,在硬X线波段观测到了双星合并事件,为全面理解GW170817引力波事件的物理机制做出了贡献。

"暗物质"被视为笼罩在21世纪物理学天空中的"乌云",是尚未被认识的物质,只知宇宙物质总量95%是暗物质和暗能量。"悟空号"是中国科学院研制的4颗科学实验卫星之一,它能通过高能和高分辨率的仪器来测量宇宙射线中正负电子之比,从而探测暗物质。2015年12月17日,"悟空号"在我国酒泉卫星发射中心发射升空。"悟空号"的观测能段是国际空间站"阿尔法"磁谱仪的10倍,能量分辨率比国际同类探测器高3倍以上。这样的探测活动可以加深人类对高能宇宙射线的起源和传播机制的理

暗物质粒子探测卫星"悟空号"示意图

解，还可能在高能 γ 射线天文方面有新的发现。

4. 射电望远镜

国家天文台密云射电天文观测基地是中国科学院国家天文观测中心的观测基地之一。它位于北京市密云区密云水库北岸的不老屯村，是我国早期射电天文的主要观测基地。最初，该站有28面直径为9米的抛物面天线组成的米波综合孔径射电

上 密云射电天文观测基地

下 密云50米射电望远镜天线

望远镜阵列，曾经为米波巡天、射电变源、超新星遗迹等方面的研究做出贡献。

北京密云站的 50 米天线于 2005 年 10 月完成整体吊装，是为绕月探测工程任务和射电天文观测而建的，高 56 米，总重 680 吨，由结构、馈源和伺服控制三部分组成。这座当时国内最大的射电天线，大大提高了天文观测能力。同时，中国科学院所属的密云 50 米天线、昆明 40 米天线、佘山 25 米天线以及乌鲁木齐 25 米天线，组成我国较为完整的 VLBI（甚长基线干涉测量技术）观测网络。

上海佘山 65 米口径射电望远镜，也叫天马望远镜。是目前亚洲最大的全方位可动射电望远镜，2012 年建成，其主反射面面积达到了 3780 平方米，综合性能为亚洲第一、世界第四。它可以观测到 100 多亿光年以外的天体，我国的嫦娥探月工程和火星探测等一系列重要的深空探测任务都有它的参与。

左 天马射电望远镜

右 "天眼"

"500米口径球面射电望远镜"（缩写为FAST，又称"天眼"）是国家重大科技基础设施。我国天文学家南仁东（1945—2017）于1994年提出构想，历时22年建成。南仁东负责编订FAST科学目标，全面指导FAST工程建设，并主持攻克了索疲劳、动光缆等一系列技术难题。建成具有我国自主知识产权的FAST，南仁东是第一功臣。FAST建在贵州省黔南布依族苗族自治州平塘县克度镇大窝凼的喀斯特洼坑。它是采用中国科学家独创设计，借助我国贵州南部喀斯特洼地的独特地形条件建设的一个约30个足球场大小的高灵敏度巨型射电望远镜。2016年7月3日，FAST主体工程完工。9月，FAST落成并开始试运营。"天眼"工程由主动反射面系统、馈源支撑系统、测量与控制系统、接收机与终端及观测基地等几大部分构成。这台世界最大单口径、最灵敏的射电望远镜被国家确定为国家九大科技基础设施之一。FAST具有的综合性能是著名的射电望远镜阿雷西博的10倍。

2018年4月28日，FAST首次发现毫秒脉冲星并得到国际认证。新发现的脉冲星J0318+0253自转周期为5.19毫秒，根据色散估算距离地球约4000光年，是至今发现的射电流量最弱的高能毫秒脉冲星之一。截至2020年3月，FAST已发现114颗新脉冲星。FAST的落成启用，对中国在科学前沿实现重大原创突破、加快创新驱动发展具有重要意义。作为世界最大的单口径望远镜，FAST将在未来10～20年间保持世界射电望远镜设备的领先地位。

5. 光学望远镜

北京天文台兴隆观测站的 2.16 米光学天文望远镜是 1972 年开始研制的，1989 年正式投入使用。这台望远镜是由北京天文台、南京天文仪器厂、中国科学院自动化研究所等单位历时 15 年协作研制成功的，是我国自主研制大型精密仪器设备的标志。

2.16 米光学天文望远镜包括光学、机械、驱动、自控、星光探测装置、观测室等部分，自重达到 90 余吨。望远镜的主镜是用一块直径 2.2 米、厚 30 厘米、重 3 吨的光学玻璃研磨而成的，镜面的口径巨大，所以聚光力极强，能够观测到极暗的星体，最暗可达 25 等星，相当于可以看到两万千米外一根火柴燃烧时的亮光。

兴隆的另一台望远镜是"郭守敬望远镜"，全称是大天区面积多目标光纤光谱天文望远镜（缩写为 LAMOST）。1993 年 4 月，我国天文学家苏定强和王绶琯提出研制大型望远镜的项目，同时建议作为中国的重大工程，邀请了当时正在欧洲南方天文台参加 20 世纪末世界上最大的天文光学望远镜研制工作的崔向群加入。1995 年 6 月，郭守敬望远镜项目委员会成立，组织了各项关键技术的预研制工作。作为我国自主创新的大科学装置，"郭守敬望远镜"采用了"主动光学"和"光纤定位"两项关键技术。光纤定位的定位速度快、精度高，可以实时补偿温度和大气的较差折射等引起的误差，光纤可直接对准星象，光

右 兴隆观测站的郭守敬望远镜（即 LAMOST）

左 1976 年的兴隆观测站

能损失小，观测上无盲区，而且加工成本低，可靠性高，运行费用低。2007 年 6 月，完成 3 米口径的镜面、250 根光纤的定位系统、1 台光谱仪和 2 台 CCD 相机以及完整的望远镜地平式机架、焦面机架、跟踪和控制系统的装调，达到望远镜设计的光学指标，并获得天体光谱。2008 年 8 月全部完成。

"郭守敬望远镜"是一架有挑战性的大型光学望远镜，在多项技术上走在国际前列。它实现了大规模光学光谱的新技术，以新颖的构思和巧妙的设计实现了光学望远镜大口径兼备大视场的突破，被国际上誉为"建造地面高效率的大口径望远镜最好的方案"。

二、地学与环境科学

20世纪中叶以来,人们越来越关注环境问题,并且在转换原来的认识,如从对地球的掠夺式的开发转换到人与自然和谐相处、对自然资源的合理利用,特别是对于环境的认识,产生了生态保护的意识,开始从太空(借助探测技术)观察地表的变化以及大气的变化。人类要协调人与自然的关系,以保护自然环境,保证可持续发展。中国一直重视环境考察活动,为国家的发展提供可靠的依据。

1. 大型综合考察

1994年,中国科学家组成考察队,对雅鲁藏布大峡谷进行科学考察。雅鲁藏布大峡谷位于"世界屋脊"青藏高原之上,平均海拔超过3000米,具有从高山冰雪带到低河谷热带季雨林等9个垂直自然带,是世界山地垂直自然带最齐全和完整的地方。由于雅鲁藏布江大峡谷南迦巴瓦峰地区的崇山峻岭成为青藏高原与印度洋水汽交往的山地屏障,水汽只能从大峡谷向高原内部输送,使青藏高原东南部成为一片绿色的世界。在这里汇集了许多生物资源,包括青藏高原已知高等植物种类的2/3,已知哺乳动物的1/2,已知昆虫的4/5,以及已知大型真菌的 3/5，堪称世界之最。大峡谷内近百千米最险峻、最核心的河段，被称为"人类最后的秘境"。

在古生物调查工作中，中国科技人员先后发现澄江、瓮安动物化石群，再现距今 5.3 亿年前海洋动物世界的真实面貌；还出版了《中国植物志》，编纂了《中国孢子植物志》和《中国动物志》。1984 年 7 月，南京地质古生物研究所侯先光在云南澄江县帽天山意外地发现了一块早寒武纪动物化石——长尾纳罗虫。纳罗虫是最早出现的硬体生命之一，在亚洲大陆是首次被发现，而且还保存有附肢。这个发现意味着寒武纪生命大爆发的证据是充分的。

青藏高原综合科学考察研究

1990年，中国科学院南京地质古生物学研究所孙革等人在黑龙江省鸡西地区首次发现了白垩纪早期的被子植物化石（该植物1996年被确定为"辽宁古果"）和原位花粉，使东北地区早期被子植物研究取得重要进展。辽宁古果与中华古果同属于古果科，生存的年代为距今1.45亿年的中生代，比以往国际古生物界所发现的被子植物早了1500万年，所以辽宁古果是迄今为止发现的最早的被子植物。

1998年，陈均远等科学家在贵州瓮安震旦系陡山沱组（约6亿年前）磷块岩中发现蓝菌、多细胞藻类、疑源类、后生动物休眠卵及胚胎、可疑的海绵动物、管状后生动物和微小两侧对称的后生动物等各种类型的化石。这个动物群在文献中所记录的各种化石群中是保存最好的有细胞结构的植物多细胞化证据。对研究细胞、个体发育和成年形态学，以及进一步探索动物起源和早期的演化，都是很有价值的。

在水资源的开发与利用上，中国形成了较为完善的水资源评价技术体系。区域水资源合理调配技术取得了重要的进展，生态需水的理论也趋于成熟。通过对黄河水资源进行统一调配，实现了黄河连续多年的不断流，同时还对塔里木河和黑河等生态较为脆弱的流域进行了系统的生态治理和修复。重大水利工程建设技术取得重大的成就，三峡工程和黄河小浪底工程完成，淮河临淮岗、嫩江尼尔基、广西百色等重点水利枢纽工程投入运行，南水北调东线和中线一期已经通水。工业和城市高效节水技术开发及应用取得成效，初步发展了洪水资源化、废水和污水的再生与利用、海水利用和人工增雨等节水技术。

2. 珠穆朗玛峰的高度

康熙四十八年（1709）和康熙五十年（1711），康熙皇帝两次派人到西藏进行测绘，在康熙五十八年（1719）制作的《皇舆全览图》上明确标注了珠穆朗玛峰的位置，当时定名为"朱母郎马阿林"。这是最早记载珠穆朗玛峰的历史文献。1718年到2005年的近300年的时间，珠穆朗玛峰的高度一共测量了10次；从19世纪中叶以来，差不多每20年进行一次测量。这些测量工作都是在极端环境中进行的，对人类无疑是一种考验，对于科技水平更是严格的检验。1852年，英国人最先测出的珠穆朗玛峰的高度是29002英尺（8839.8米），确定珠穆朗玛峰是世界最高峰（此前认为最高峰是干城章嘉峰）。中华人民共和国成立之后就把有关珠穆朗玛峰高度的测量列为一项重要的工作。1958—1960年间，测绘人员测定基线端丘高程，并进行天文观测，得到的珠穆朗玛峰高度为8882米。1965年，中国科学院西藏科考队的一项任务是精确测量珠穆朗玛峰的高度，测绘珠穆朗玛峰北坡1∶25000的地形图。1966—1968年间的测量工作，由于未在峰顶设立觇标，测量数据未公布。1975年，中国科学院、国家测绘局和国家体委组织联合登山科考队，并于5月27日成功登顶，同时在峰顶设立觇标。中国科学家采用天文点求出大地垂线偏差，测定的高度为8849.05米，减去雪深，得到的数据为8848.13米。这个数据立刻为联合国教科文组织和世界各国所承认。2005年，中国国家测绘局复测珠穆朗玛峰的高度。这次测量采用了经典的方法辅以GPS卫星技术进行测量，并且首次在珠穆朗玛峰测量中使用冰雪深雷达探测仪，得到的新数据为8844.43米。这个数据比30年前的数据降低了3.7

米，原因是精确地去除了冰雪厚度的影响。2020年12月8日，中国和尼泊尔共同宣布，采用最新技术测得珠穆朗玛峰最新高程为8848.86米。

青藏高原不仅是世界屋脊、亚洲"水塔"，也是中国重要的环境和生态安全屏障、战略资源储备基地。这个世界的"第三极"是全球气候变暖最强烈的地区，也是未来全球气候变化影响不确定性最大的地区。以青藏高原为核心的"第三极"和受到其影响的"泛第三极"地区，面积约2000万平方千米，与30多亿人的生存与发展密切相关。因此，研究其环境变化、圈层相互作用及其灾害效应和资源效应等，是重大的科学问题，也是与区域生态环境安全、人类生存环境和社会经济发展相关的重大战略问题。2017年8月，在拉萨启动了第二次青藏高原综合科考研究。这次研究活动根据国家重大需求和国际科学前沿动态，探究过去50年来环境变化的过程与机制及其对于人类社会的

珠穆朗玛峰

影响，还要预测这一地区地球系统行为的不确定性，评估资源环境承载力、灾害风险，并且提出国家公园的建设和绿色发展途径的科学方案，为生态文明建设提供重要的科技支撑。

3. 极地科考

极地是指地球的南北两端（即南极和北极），平均纬度在 66.5° 以上。这里是全球气候变化的冷源，在全球气候变化的研究中，是不可或缺的研究之地。极地科考是在地球南北两极开展的科学考察和国际合作的活动。南极是地球上平均海拔最高、气温最低、风力最大和气候最干燥的地区。20 世纪 80 年代初，已经有十几个国家在南极地区建设了几十个科考基地，还有上百个夏季站。1984 年 11 月，中国由 500 多名科学工作者组成第一支南极科考队，乘坐"向阳红 10 号"科考船和"海军 G121 号"打捞救生船开赴南极地区。1985 年 2 月 20 日，中国科考队员在乔治王岛建成第一座南极科考站——"长城站"（可支持科考人员和设备长期驻守南极）。此后，共组织了 30 多次南极科考，实施了一系列的考察计划，在地质、冰川、气象、陨石、生物、环境和人体医学等方面取得了众多成果。在 1989—1990 年的考察活动中，又在南极圈内建设了"中山站"。这是为了进行南极内陆的考察活动，探索南极冰盖的海拔最高点——"冰穹 A"。2005 年 1 月，科考队员最终登顶"冰穹 A"。2009 年在南极内陆冰盖"冰穹 A"西南方向约 7.3 千米建立了"昆仑站"。"昆仑站"也是南极内陆冰盖最高点的科考站。2014 年，中国在南极又建立了第 4 个科考站——"泰山站"。中国正在建设第五座科学考察站。

南极长城站

北极黄河站

　　2004年7月，中国第一个北极科学考察站"黄河站"在挪威斯匹茨卑尔根群岛的新奥尔松建成并投入使用。从此实现了北极不间断有人值守并进行科学观察。从1995年起，中国科学家共完成了8次北极科考，中国科学工作者经过不懈的努力，促进了海洋、大气、冰雪、空间物理、地质、地球物理、生物和生态的研究与发展。现在，中国已跻身全球极地研究的"第一梯队"。

　　为了到南极进行科考活动，在海上航行是需要破冰船的。船在结冰的海面航行时，通常要破坏冰层，开出航道。通常采用两种破冰方法，当冰层不超过1.2米时，多采用"连续式"破冰法——

借助螺旋桨的力量用船头把冰层劈开撞碎，每小时能在冰海航行约9千米。如冰层较厚，则会采用重力破冰法，让船冲上冰面，利用船体的巨大重力把下面的冰层压碎。比如，先把船首压水舱排空，船尾压水舱注满海水，船首会翘起，开大马力冲上冰面，然后排空船尾压水舱，灌满船首压水舱，依靠自身重力压碎冰面。为此，中国南极考察委员会在1985年向芬兰购置了"雷亚号"破冰船。这是一艘具有1A级抗冰能力的杂货船。经过改装之后，它具有多种功能和用途，且适宜于高纬度和高严寒海域航行，被命名为"极地号"。不过，1994年到南极进行科考装备了更好的"雪龙号"。这是当时世界上最先进的科考船之一，更加适宜在南极活动。2017年9月，中国自主研制的新型科考船开工建设，并于2018年9月下水，被命名为"雪龙2号"。

雪龙号

4. 城市发展

中国自行车的发展一度受到世界的瞩目，而私人汽车的快速发展大大限制了自行车的发展。但是，随着绿色出行观念的发展，自行车又开始回归到城镇居民的生活中。从 2007 年开始的十余年间，自行车以新的形式回归，特别是在近十年间获得了较快的发展。最初，只是几个大学生为了解决校园内的出行问题，逐步形成了一种名为"共享单车"的出行模式。而且，在 2017 年 4 月，共享单车平台 ofo 小黄车宣布与卫星导航系统北斗导航达成战略合作。ofo 将在京津冀地区配备由北斗导航特制研发的拥有全球卫星导航定位技术的"北斗智能锁"。更进一步优化了其电子围栏定位技术，并基于海量出行大数据向政府提供共享单车停放区域规划方案和建议。

深圳是在改革开放的大潮中发展起来的年轻城市。1980 年 8 月 26 日，在五届人大的第 15 次会议上审议通过中国的第一个经济特区——深圳特区的建设。1984 年 1 月，邓小平到深圳考察之后给予了肯定，并题写道："深圳的发展和经验证明，我们建立经济特区的政策是正确的。"

1992 年，在改革开放的进程不断深入之时，邓小平再次来到深圳，并且登上国贸大厦的旋转餐厅，发表了著名的"南方谈话"，对于深圳的规划乃至中国的发展表现出的前瞻性，体现出伟大改革家的胸襟。作为改革开放的"前哨"，深圳必定成为中国历史上

上　粤港澳大桥

下　《中华人民共和国环境保护法》

的一座名城。今天，深圳已经建设成为国家物流枢纽、国际性综合交通枢纽、国际科技产业创新中心。

5. 环境保护与气象变化

20世纪70年代，中国对于环境问题开始重视起来，并且开始建设比较完整的环境保护体系。1972年6月，联合国在斯德哥尔摩召开第一次人类环境会议，根据周恩来总理的指示，中国派出了代表团出席会议。1973年8月，中国召开第一次全国环境保护会议。1974年10月25日，国务院成立环境保护领导小组。这是中国第一个环境保护的专门机构。1975年，经过法学专家与全国各个环保部门的广泛讨论后，第一个《环保法草案》完成。在1978年颁布的宪法中，第一次对环保做出了明确的规定，为中国的环境保护工作和法制建设奠定了基础。1979年9月，五届人大第十一次常务委员会颁布了中国第一部《环境保护法》。这部法律吸取国外大量的经验和教训，既注重对于环境污染的防治，又注重对自然生态资源的保护。这是中国在建设四个现代化的进程中，国家做出的一个重要的决策。

在生态环境保护的过程中，中国组织开展了科学研究和技术攻关，着重解决了一些重大的环境问题，开发污染防治技术，研究生态治理技术与对策，促进经济增长方式转变和建设环境友好型社会。在"十一五"期间，在863计划中设置环境监测技术的项目，全面开展大气污染控制技术研发，加大对于固体废弃物处置和资源化技术、新型污染控制技术即节能减排与循环经济技术的支持力度。

环境科学针对资源环境领域的突出问题，重点在战略矿产资源、生态环境、环境污染防治、重大灾害形成机制与预测等方面开展了一系列研究工作：建立干旱和半干旱地区区域环境系统集成模式，沙漠地区中型、大型工程防护体系建设技术集成；在东海发现大规模亚历山大藻有害赤潮，证实了关键物理海洋过程在东海赤潮形成中的重要作用；发现氯苯生产过程和产品中多氯联苯和二噁英类杂质的产生机制及含量。中国科学家还提出了白垩纪大洋红层的概念及大洋富氧问题；从生态系统水平上建立了以鳀鱼为例的配额捕捞评估与管理模型；解释了东海黑多核结构的形成机制、南海环流多涡结构的演化规律。

气候变化方面，揭示了季风系统突变与全球增暖之间的密切关系，建立了有效的区域环境系统集成模式，干旱化发展趋势预测报告得到政府有关部门的重视；开展陆地生态系统碳循环研究，获得了中国10种陆地生态系统通量/储量的连续观测数据，阐明了中国主要生态系统的碳通量的日、季节和年际间变化特征及其环境控制机制；定量分析了气候和土地利用变化对碳平衡的影响，揭示了中国陆地碳汇形成和变化机制；通过研究证明植树造林将显著增加生态系统的碳贮量；发现大洋碳储库有40万~50万年的长周期变化，揭示了热带海区在全球气候演变中的积极作用。这些新的认识为中国应对气候变化提供了科学支撑。2003年10月，中国政府根据《联合国气候变化框架公约》的规定，并且考虑到中国的具体国情，按照国务院的部署，国家发展和改革委员会组织了几十位专家，历时两年编纂《中国应对气候变化国家方案》，并于2007年6月颁布实施。这是中国第一部应对气候变化的全面的政策性文件，也是发展中国家颁布的第一部应对气候变化的国家方案。这个《国家方案》提出了应对气候变化的指导思想、原则、目标以及相关政策和措施，阐明中国对气候变化若干问题的基本立场和国际合作需求。在此基础上，中国开展低碳省市试点，因地制宜探索低碳发展途径，为减缓和适应全球气候变化做出应有的贡献。

节能减排方面，创新性地提出了对流换热强化的场协同理论，研发了具有自主知识产权的系列传热传质强化单元装置并用于工程实践；深入研究了燃煤高温脱硫反应机理及其影响因素，研发出具有工程应用价值的廉价脱硫剂；开展新一代内燃机燃烧理论研究，提出了汽油机、柴油机低温燃烧新方案，发展了均质压燃复合燃烧系统，成功研制了原理样机。

对于古气候学的研究，竺可桢取得了重要的学术成就。他依据北冰洋海冰的衰减、苏联冻土带南界的北移、世界高山冰川后退和海平面上升等现象，证明20世纪全球气候变暖。同时，竺可桢还追溯第四纪世界气候和各国水旱寒暖波动的历程。他发现，17世纪后半期，长江下游的寒冷时期与西欧的小冰期是对应的。为此，竺可桢指出，太阳辐射强度的变化可能是造成气候变化的一个原因。竺可桢能够充分地利用古代文献，进行深入的分析，进而得到令人信服的结论，这说明竺可桢有过人的研究功力，也在方法论的层面上提炼出有价值的思想，是值得后人学习的。

三、文化建设的风采

大众科技文化传播一直受到国

竺可桢

家的重视。以影视技术为例，1958年9月2日，新中国的第一家国家电视台——北京电视台正式播放节目。虽然当时能接收到电视节目的电视机不到50台，但这一天的确是新中国电视事业的开始，开辟了一个传播文化和科普教育的园地。1978年5月1日，北京电视台更名为中央电视台。

1. 夏商周断代工程

中国是世界闻名的文明古国，与古埃及、古巴比伦和古印度不同，中国的历史是没有中断的。但是，在中国历史研究中，常常出现一些分期的问题，如中国的奴隶社会与封建社会的分界，经过了长期的争论，其结论并不是非常明确的。关于中国远古的历史年代，按照《中国历史纪年表》（万国鼎编，万斯年和陈梦家补订，中华书局，1978年版），准确的年代只能上推到公元前841年（周宣王共和元年），对于夏朝、商朝和周朝，历史的记载是有的，但是，夏商周三朝的断代一直有着不同的说法，是个"悬案"。因此，从1995年开始筹备，并在1996年5月，开始了一个年代学的立项——夏商周断代工程。

在这个研究项目中，中国学者要把历史学、考古学、天文学与科技测年学诸学科相结合，借助科学的手段和方法，搞清楚这个争论已久的问题，并且要给出这3个朝代的详细年代表。为此组织了200多专家学者，分为9个课题、44个专题，对于夏商周三朝的年代学进行全面和全新的研究。具体地说，夏商周断代工程有4个目标：第一，给出从周武王到周厉王的比较准确的年代；

第二，从盘庚迁殷后，特别是对武丁以后的各王给出比较准确的年代；第三，给商代一个比较详细的框架。第四，给出夏代一个基本的年代框架。

商夏周断代工程在年代测定上采取了碳–14法和天文方法推演年代等多种方法，对流传下来的文献进行研究考证。例如，文献记载的"天再旦"很可能是一次将在日出时产生的日全食。研究人员根据实际观测和计算机仿真的方法进行核验，最后确定，周懿年元年是公元前899年。2000年11月9日，公布了《夏商周年表》。根据这个年表，中国的夏代开始于公元前2071年，商代开始于公元前1600年，盘庚迁殷约为公元前1300年，商周的分界年在公元前1046年；并且还排出了西周10个王具体的在位年，排出了商代后期从盘庚到帝辛（纣）的12个王大致的在位年。在项目实施的过程中，洛阳地区二里头遗址和偃师商城遗址的重要发现，为断代工程提供了可靠的物证。此外，还确定郑州商城为商早期都城遗址。总之，作为夏商周断代工程的成果，这个年表使今人的历史研究向中华文明发源的源头更近了一步。

2. 重点文物保护单位与世界文化遗产

中华文明源远流长，经过几千年的发展，留下了许多文物，当然也有许多文物遭到了破坏，亟须加以保护。从1956年开始，国家展开了文物普查，再经过审定，由各级政府公布了4000多个文物保护单位。20世纪50年代末，开始从中遴选出第一批全国重点文物保护单位，1960年11月，在国务院的一次全体会议上通过。1961年3月4日，中国政府公布了第一批全国重点文物保护单位名单。这些经过国务院核定公布的，从省级、市级和县级文物保护单位中遴选出来的文物保护单位是具有重大的历史、艺术和科学技术价值的单位。第一批全国重点文物保护单位共180处，同时还公布了《文物保护管理暂行条例》。这个条例使中国第一次拥有了较为专门的文物保护法律。当时，对于文物保护单位有4个要求，即划出保护的范围，要有标志说明，要有专门管理，还要建立

上 郑州商城遗址

下右 《古本竹书纪年》关于"天再旦"的记载

下左 日全食

科学档案。到 2006 年，中国已经颁布了 6 批全国重点文物保护单位，共计 2351 处。2019 年 10 月国务院发布《国务院关于核定并公布第八批全国重点文物保护单位的通知》（国发〔2019〕22 号），共计 762 处（另有 50 处与现有全国重点文物保护单位合并）。

在世界现代化的进程中，人类的视野不断扩展，并逐渐意识到，一些文物是世所罕见的，也是无法复原和替代的，并且具有特殊的价值和普遍的意义。这就是被联合国教科文组织和世界遗产委员会确认的"世界文化遗产""世界自然遗产""世界文化与自然遗产"和"文化景观"（共4类）。为此，联合国教科文组织大会通过了《保护世界文化和自然遗产公约》（1972年），1976年评出首批文化和自然遗产。到1985年，一些学者在第六届全国政协会议上提出，要加入《世界遗产公约》，并在1986年提出了中国首批申报项目。1987年12月，在印度召开的世界遗产委员会的年会上通过了中国申报的名录。这样，在《世界文化与自然遗产名录》中出现了6个位于中国的遗产地。文化遗产5个：长城、故宫、周口店"北京人"遗址、秦始皇陵兵马俑坑、敦煌莫高窟；文化和自然双重遗产：泰山。到2019年，中国已有55个遗产地被列入《世界文化与自然遗产名录》，其中世界文化遗产37项、世界文化与自然双重遗产4项、世界自然遗产14项。今天，在保护这些遗产之时，中国特别注意保护大熊猫、滇金丝猴、藏羚羊等野生动物的栖息地和自然生态系统，以及喀斯特地貌、丹霞地貌、砂岩地貌和古生物化石群等遗址遗迹，大力提倡"尊重自然、顺应自然和保护自然"的生态文明理念，向世界展示把现代与传统结合得更加自然的中国。

中国古人发明了造纸术和印刷术，中国古代就有编纂大型工具书的传统。但是，编纂一套汇集中外百科知识的辞书要经历很长的时间。20世纪50年代，国家出版总署曾经计划出版百科全书，但是，真正开始实施是在1978年。创始人和倡议人是姜椿芳（被称为"中国大百科全书之父"），他在"文革"期间受到迫害之时，还在构思中国大百科全书。1974年，姜椿芳从秦城监狱被释放时，他就与前来接他的同事谈到出版百科全书的想法。4年后，他提出《关于编辑出版〈中国大百科全书〉的建议》，1978年11月得到国务院的批准。《中国大百科全书》涉及66个大小学科，对应着

一 世界文化遗产秦始皇陵兵马俑

二 永乐大典

三 姜椿芳

第八章 基础科学的研究与进展

215

成立了66个编委会。从1978年开始，一共动员了2万多名学者、专家和编辑人员参与编纂《中国大百科全书》的工作。经历15年的时间，到1993年一共编纂了74卷。这部大型工具书无疑是中国出版史上的一座丰碑。常言道，盛世修大典，《中国大百科全书》见证了科学文化的春天。

3. 知识产权制度的建立和发展

对于著名的"李约瑟难题"有一种解答，即专利制度的缺失导致近代中国与欧洲在知识积累和技术发展模式上产生巨大分野，进而导致产业革命在欧洲而非中国发生。关于保护个人或团体的知识产权，在20世纪80年代，在联合国的160多个成员国中，只有9个新独立的国家没有建立专利制度。20世纪50年代，中国就颁布了《发明权与专利权暂行条例》，但是，直到60年代，一共才批准了4个专利。对于专利制度的建立，也一直有比较大的争论。为此，邓小平在十一届三中全会上表示，我国应该建立包括专利制度在内的知识产权制度。1980年3月3日，中国参加了世界知识产权组织，同年6月3日成为该组织的第90个正式成员国。1984年3月12日，六届人大常务委员会审议并通过了《中华人民共和国专利法》。这样，中国在1985年开始受理专利申请。4月1日（受理专利申请的第1天），国家专利局受理了3455件专利。其中航天部207所的胡国华幸运地成为第一人，他的"可变光学滤波器"幸运地成为专利申请第1号。

早在改革开放初期，中国知识界已经意识到知识产权保护的问题，希望制定相关的法律法规，而且随着国际交往的日益频繁，在对外贸易谈判中涉及知识产权保护和版权保护的问题越来越突出。1978年、1980年、1985年，商标局、专利局、版权局先后成立，中国知识产权行政管理与执法体系渐趋完善。1982年、1984年、

1986年、1990年、1993年，《中国商标法》《专利法》《民法通则》《著作权法》《反不正当竞争法》先后颁布施行，中国知识产权保护法律体系逐步建立。1993年、1994年，中国音乐著作权协会、中华商标协会相继成立，知识产权行业协会组织逐步走向完善。1992年，《专利代理条例》颁布实施。1992年10月，中国加入有关国际版权保护的《伯尔尼公约》和《世界版权公约》，使著作权保护的工作走上了正轨。这些措施不仅保护了著作权人的权利，而且大大促进了中外科学技术和文化的交流。2001年7月1日，经过第二次修改的《中华人民共和国专利法》开始施行。2001年12月11日，中国加入世界贸易组织，开始履行《与贸易有关的知识产权协定》（TRIPS）项下的义务。这是标志中国知识产权保护水平与国际接轨的两座里程碑。此后，中国还相继加入了《保护工业产权巴黎条约》《专利合作条约》《商标国际注册马德里协定》《国际植物新品种保护公约》《保护文学和艺术作品伯尔尼公约》《世界版权公约》

上 胡国华的第1号专利
下 《中华人民共和国专利法》

等 10 多个国际公约、条约、协定或议定书。

1994 年 6 月 16 日，国务院新闻办公室首次发表《中国知识产权保护状况》白皮书，详细阐述了中国保护知识产权的基本立场和态度。7 月 5 日，国务院做出《关于进一步加强知识产权保护工作的决定》，八届全国人大常委会第八次会议通过了《惩治侵犯著作权犯罪的决定》。9 月，最高人民法院发出《关于进一步加强知识产权司法保护的通知》。

根据中国和阿尔及利亚在 1999 年的提案，世界知识产权组织在 2000 年召开的第三十五届成员大会上通过决议，决定从 2001 年起，将每年的 4 月 26 日定为"世界知识产权日"。4 月 26 日是《建立世界知识产权组织公约》（《世界知识产权组织公约》）生效的日期。

2014 年，知识产权数量持续快速增长，中国共受理发明专利、实用新型和外观设计申请 236.1 万件，其中发明专利 92.8 万件，同比增长 12.5%，申请量连续 4 年居世界第一。现在，中国成为专利申请的第一大国。

第九章
应用技术与工程成就

20世纪50年代，为了中国的社会主义建设，为了争取苏联的技术援助，周恩来和陈云赴苏联谈编制第一个五年计划的问题，并且确定了694个大中型工业项目，其中包括苏联援助的156个项目。随着工业、交通运输业和农业的发展，不只要考虑一些重大的建设项目和大型企业的分布，还要保持国民经济按比例发展。为此，早在1953年年初的政协会议上，周恩来总理将该年定为"一五"（第一个五年计划）的第一年。从此开始了中国工业化的进程，逐步建成一个现代化的国家。为此，中国在崇山峻岭之间修筑了成昆铁路，在波涛滚滚的长江上架起了南京长江大桥，建设了攀枝花钢铁基地、第二汽车制造厂、葛洲坝水利枢纽，在华北平原、松辽平原、江汉平原、中原等地区开展了油气资源的勘探与开发。中国在重大工程建设上取得了一系列重要的进展。

柴达木盆地的油藏

塔里木的天然气处理厂

一、工业技术

1. 勘探与冶金

中国一直非常重视海上勘探的研究工作。从1974年开始，中国就在东海进行石油和天然气勘探的工作，已经发现多个油田。1995年，春晓海区试钻成功，它的位置是"东海西湖凹陷区域"。这是中国最大的海上油气田。此外，青海柴达木盆地已经发现丰富的石油蕴藏，在新疆塔里木地区也探明多个含油气构造和油气田。

天然气勘探开发方面，建立了天然气高效成藏的地质理论、高效资源评价方法、有机质"接力成气"理论和深层有效储层保持的5种机理，推动塔里木库车和四川龙岗6500～7000米深层发现2个千亿方以上大气田和万亿方大气区；天然气高效成藏的定量评价新方法及新指标对预测待发现高效资源主要分布区带、指导勘探具有重要现实意义。

中国科学家一直重视钻探工程，并成功地达到地下5158米，是世界上第3个超过5000米和穿过造山带最深部位的科学深钻。

1976年3月，中国派出"向阳红5号"和"向阳红11号"两艘万吨级科学考察船，进行了近2个月的首次远洋科学考察，除了完成远程火箭试验海上落点靶区选择工作之外，还在南太平洋中部开展了大洋多金属结核的海上调查，并从近5000米水深的海底采集到锰结核样品。

1984年7月，中国自行设计的第一台半潜式海上石油钻井平台"勘探三号"在海上进行试验，取得了成功。在此平台上进行钻井，其最大的钻井深度可达6000米。在当时，世界上能够建造这样的钻井平台的

"勘探三号"海上钻井平台

只有美国、日本、英国和挪威等国家。

为了保证国家经济的可持续发展，西南地区成为地质勘探的重点，"西南三江成矿带"（三江是怒江、澜沧江和金沙江）包括青海南部、西藏东部、四川西部、云南西部和新疆地区。这个成矿带地处印度板块与扬子板块结合部，地质构造比较复杂，沉积建造多样，岩浆活动频繁。这个地区能够形成规模大、数量多的断裂，有色金属、贵金属和稀有金属的矿藏十分丰富。西南的三江地区是中国最为重要的新生代成矿区（带），有着一系列的矿集区，例如，玉龙以铜矿为主，金顶以铅锌矿为主，牦牛坪以稀土为主，而哀牢山以金矿为主。

镍是重要的金属，在军工、航空、航天设备制造中占据着重要的地位。1958年，地质队员在位于河西走廊中部的甘肃武威地区永昌县（今金昌市）境内发现了一座特大型的多金属铜镍矿床，其中镍的储量当时位居世界第二。1964年，金川露天矿区开始进行爆破开采。科技人员从小型的试验厂开始，接着在1966年搞出了万吨规模的大厂。此后，从1978年开始，国务院副总理方毅（邓小平批示要方毅亲自挂帅）亲自组织镍基地的建设。经过十余年的科技研发工作，解决了掘进、支护、采矿、填充等工艺以及矿山建设的59项难题。2010年，金川基地有色金属的产量达到60万吨，建成了一个具有国际竞争力的企业集团。

攀枝花位于四川省西南的滇川交界、雅砻江与金沙江交汇处，有"长江第一城"之誉。这里的自然资源成就了中国西南的"钒都"、钢铁基地和能源基地。这里已经探明钒钛磁铁矿近百亿吨的储量，是中国四大铁矿之一。这

右 攀枝花市

左 金昌市的重工业

里的矿石中共生的钒、钛资源列全国第一、世界第三。20世纪60年代中期，国家决定大力建设攀枝花钢铁基地。邓小平曾经在1965年来此地视察，解决了一些亟待解决的问题，使建设能以更大的规模展开。后来，国务院副总理方毅亲自召开了10次综合利用的会议，组织科技人员攻克各种难题，发明和总结出了一些技术"诀窍"。今天，攀枝花已经成为世界上知名的"钒都"，钒资源的回收利用率超过了50%，钛资源的回收利用率超过了40%，大大提高了资源利用率。

国家"八五"计划中，氧煤强化炼铁技术是由包括鞍山钢铁公司在内的15个单位承担的重点科技项目，1995年8月至11月在鞍钢的3号高炉进行试验并获得成功。这使喷煤量指标、喷煤安全技术、喷煤工艺和装备制造的水平以及喷煤相关技术都有

第九章 应用技术与工程成就

223

所突破，氧煤强化炼铁的理论研究也有了一些进展，中国高炉的喷煤成套技术得以突破，高炉的氧煤强化炼铁工艺达到了世界先进水平。

2. 水电与水利

四川西部具有丰富的水力资源，对经济发展具有重要的意义。早在20世纪60年代初，水利人员对雅砻江流域进行勘查时，发现四川攀枝花附近的二滩和三滩适宜建设电站。1998年8月，二滩水电站的首台水轮发电机（功率是55万千瓦）实现发电。这是20世纪中国建成的最大的水电站，在施工中表现出比较高的管理水平，且按照菲迪克合同条款实行国际招标。2006年，二滩工程

右 采煤综合工艺的机械化

左 氧煤强化炼铁工艺

获得"国家环境友好工程"的奖项。

  三峡水库是中国历史上最大的水利工程。三峡位于湖北省宜昌市三斗坪（离葛洲坝38千米）。孙中山在《建国方略》中最早提出在三峡建坝的设想。20世纪50年代初，在湖北武汉成立长江水利委员会，着手开展长江的综合治理工作。毛泽东一直关注三峡的建设工作，后来在70年代初开始的葛洲坝工程建设，可以看成是一次"演练"。1992年3月，李鹏总理向七届人大提交国务院有关建设三峡工程的"议案"，并且在4月份获批。2006年5月，水泥大坝建成。大坝全长3335米，坝高185米。水库淹没耕地43.13万亩。2003年6月，三峡建成双线五级船闸。2010年10月，三峡水库的蓄水水位达到175米的正常水位，此时的总库容达到393亿立方米。三峡工程显著地改善了从宜昌到重庆的660千米航道，万吨级的船队可直达重庆港口。2012年7月，三峡电站的32台机组全面投产发电，总装机容量为32×70万千瓦，即2240万千瓦，是全世界最大的水力发电站。三峡工程可发挥发电、防洪、养殖、航运、净化环境、保护生态、开发性移民、南水北调和供水灌溉等十大作用，这是世界上任何巨型电站都不可比拟的。今天，世界十大水电站排名（单位为万千瓦）：三峡2250，白鹤滩1600，伊泰普1400，溪洛渡1386，美丽山1123，古里1030，乌东德1020，图库鲁伊837，向家坝784，大古力680。其中5个是中国的，三峡集团占 3 个。

目前，中国已经可以设计和生产装机容量为 175 兆瓦的世界最大的低水头发电机组。

南水北调工程（简称为"南水北调"）是中华人民共和国的一项战略工程、民生工程和生态工程。工程方案构想始于 1952 年，是毛泽东主席视察黄河时提出的。从整体上看，工程分为东线、中线和西线共 3 条调水线路。东线工程起点为江苏扬州江都水利枢纽，终点是天津；中线工程起点为汉江中上游丹江口水库，终点是北京。西线工程的起点是雅砻江和大渡河，由此调水到黄河。这 3 条调水线路与长江、黄河、淮河和海河四大江河的联系，构成以"四横三纵"为主体

三峡大坝

丹江口水库

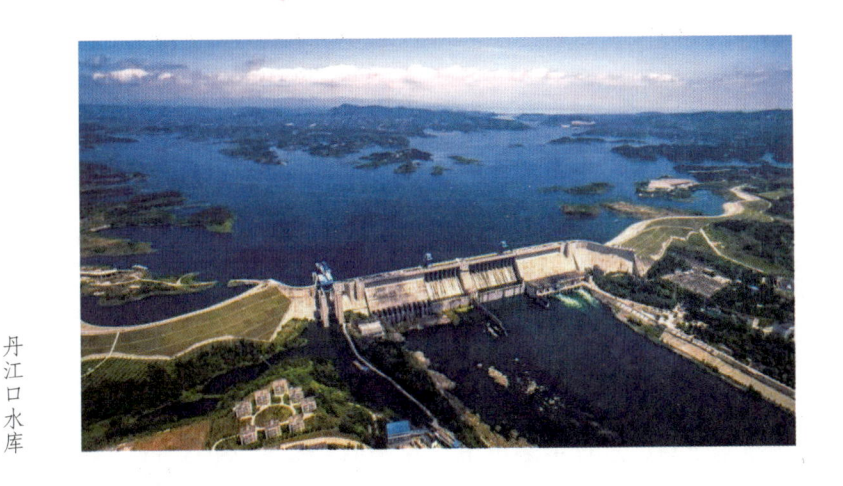

的布局，有利于实现中国水资源南北调配、东西互济的配置格局。

南水北调工程的东线与中线一期工程干线总长为2899千米，沿线一级配套支渠约2700千米。这样的工程在世界上还没有先例，因此也创造了多个世界第一。第一，这是全球最大的调水工程，年调水规模达448亿立方米。第二，距离最长，工程规划的东、中、西线干线总长度达4350千米。第三，规划区内受益的人口最多，达4.38亿人。第四，受益面积最大，达到145万平方千米，占到我国国土面积的15%。第五，拥有世界上最多的泵站群，以东线一期工程为例，输水干线1467千米，全线共设13个梯级泵站，共22处枢纽，34座泵站，总扬程65米，总装机台数是160台，总装机容量36.62万千瓦。从工程建设上讲，也创造了多个世界第一，如世界上最大的输水渡槽，世界上首次建设穿越黄河的隧洞（长3千米）。研制成功的高水平的新材料和新工艺达63项，共获得110项国内专利。

3. 输电线

1953年7月，为了把松花江上的丰满水电站的电力输送到重工业基地，国家决定从丰满水电站经过若干变电设备把电力送到抚顺市西南的李石寨变电所。松（丰满）东（陵）李（石寨）输电线全长370千米，输电的电压是220千伏（当时使用的单位是22万伏）。从技术上讲，这样的输电电压是当时最高等级的，世界上只有美国和苏联等少数几个国家才具有这样的能力。经过半年的施工，1954年1月23日松东李输电线全线竣工，满足了辽宁南部地区恢复和发展工业之需，也昭示着将要迎来国家大规模的电网建设，在中国电网建设史上具有里程碑的意义。

进入21世纪，中国的电力消耗激增，为了降低消耗在输电线路上的能量，输电时要尽量提高输电的电压。2009年1月，中国第一条1000千伏高压交流输电工程投入运行，全长654千米，起于山西长治，经河南南阳到湖北荆门。强大的电流穿过太行山和伏牛山，跨越黄河和长江，并入华中电网。这是世界上运行电压最高、输电能力最大的特高压输电线路。这条线路被形象地称为"电力高速公路"。为了实现特高压输电，中国从1986年就开始立项研究，到1994年，武汉高压研究所建成中国第一条百万伏级特高压输电研究线段。在研究特高压输电技术的过程中，中国科技人员取得了一些重大的技术突破和创新。例如，在世界上率先建立工程设计、系统集成、设备制造、调适试验、施工安装和运行维护等全套的技术标准和试验规范，并且制定了世界上首个特高压交流输电技术标准体系。这个体系的多项成果被国际大电网会议组织（CIGRE）和电气电子工程师学会（IEEE）采纳，其中的特高压交流电压被确定为国际标准电压。此外，值得一提的是，我国自主研制的双柱特高压变压器也是当今世界最高水平的特高压交流输电新设备。到2014年，中国已有两条特高压交流输电线路和4条特高压直流输电线路在运行。"十二五"（2011—2015）期间建设的连接大型能源基地与主要负荷中心的"三纵三横"特高压输电网，构成大规模的"西电东送"和"北电南送"的能源配置格局，特高压输电线路长度达到4万千米，具有信息化、自动化和互动化的特点。2019年5月，从青海省海南州到河南省驻马店的首条清洁能源特高压输电线路是世界上首条专为清洁能源建设的专用特高压输电线路，对于促进环境的改善具有重要的意义。

青海到河南的特高压输电线路

在中国，诸如天然气、煤炭、石油和水能等能源的分布，西部占据的比重是比较大的，特别是东部的能源在较长时间开采之后，已显得有些后劲不足。为此，国家建设了"西气东送"工程和"西电东送"工程。"十五"期间，重点发展"西电东送"工程，建成北路、中路和南路3条送电线路。北线经由内蒙古和陕西等省区向华北电网输送电力，可向京津唐地区送电270万千瓦。中线经由四川、重庆等省市向华中电网和华东电网送电。南线由云南、贵州、广西等省区向广东送电1000万千瓦。

4. 大型设备与精密技术

数控机床是一种自动化程度比较高的新型机床。研制数控机床可以带动机电控制和传动控制技术的发展。早在20世纪60年代，我国就研制出第1代数控机床。2009年3月，科技部发布了有关"高档数控机床与基础制造装备"的科技重大专项，要重点开发18种高速精密复合数控金切机床、7种重型数控金切机床、4种数控特种加工机床、11种大型数控成型冲压设备。

盾构机的全名是盾构隧道掘进机，是法国工程师布鲁诺尔于1803年发明的，是用于开发地下空间的大型机械装备，制造工艺复杂，代表着一个国家制造业和工程施工的尖端技术，是衡量一个国家装备制造业水平和能力高低的重大关键装备。中国已拥有完全自主知识产权的各种类型盾构机。2018年8月，淮南—南京—上海1000千伏特高压输电工程借助盾构机打通并穿越长江的综合管廊隧道。这是世界上首次把大直

右 钢锭出炉
左 981 深海平台

径盾构隧道应用于电力管廊工程，因此被称为"万里长江第一廊"，也开创了世界电力工程建设和隧道盾构工程上的多个世界第一。

2008年4月28日，中国海洋石油总公司开工建造海洋石油981深水半潜式钻井平台（简称"981深海平台"），是中国首座自主设计并建造的第六代深水半潜式钻井平台，可在1500米水深内锚泊定位。"981深海平台"整合了全球一流的设计理念，并制造出一流的装备，是世界上首次按照南海恶劣海况设计，能抵御200年一遇的台风的钻井平台。该平台的建成，标志着中国在海洋工程装备领域已经具备了自主研发能力和国际竞争能力。

目前，中国已经可以生产1000万～3000万吨大型露天矿的成套设备，200吨级的电渣重熔炉。钢铁冶炼的技术实力已经赶上世界先进水平。

二、交通技术

改革开放以来，国家经济快速发展，各种产品的流通也在加速，铁路、公路以及桥梁和港口的建设得到重视。信息的流通也更加重要，通信技术与互联网技术的发展也进入快速发展期。

1. 铁路建设

除了改进和制造蒸汽机车之外，中国科技人员开始引进和研发内燃机车与电力机车，重要的成果是 3 个内燃机车系列，即东风系列、北京系列和东方红系列。机车技术的研究工作，中国坚持"引进先进技术、联合设计生产、打造中国品牌"的方针。从 2004 年开始，中国从德国、日本、瑞典和加拿大等国家引进高速动车组技术，经过消化、吸收和再创新，自主设计和生产了"和谐号"电力动车组，标志着我国铁路客运装备的技术水平达到了世界先进水平，中国也由此成为世界上少数几个能够自主研制时速 600 千米动车组的国家。如今，中国已经掌握了高速

和谐号

动车组相关的9大核心技术及10项主要配套技术，建立了自己的高速铁路技术系统，在高速列车制造、列车控制技术、系统集成技术等方面进入世界先进水平的行列。

高速铁路(简称"高铁")，就是铁路设计速度高、能让火车高速运行的铁路系统。1990年，中国正式提出了建设和发展高铁。1998年，广深铁路电气化提速改造完成，设计时速最高可达200千米，这是中国由既有线改造踏入高速铁路的开端，为以后中国高铁的建设和发展提供了可行性的实践基础。

2008年8月1日，我国开通并投入运营了国内第一条拥有完全自主知识产权的京津城际高速铁路，该铁路采用的多种技术在世界范围内都达到最高的科学水平。2009年12月，京港高铁武广段通车并投入运营，该条铁路设计时速为350千米，在当时是世界上工程技术最复杂、建设里程最长的高速铁路。

2017年6月25日，中国标准动车组被正式命名为"复兴号"，并于次日在京沪高铁正式双向首发。"复兴号"动车组列车最高时速350千米/小时，是目前世界上运营时速最高的高铁列车。"复兴号"是由中国铁路总公司牵头组织研制、具有完全自主知识产权、达到了世界先进水平的动车组列车。它首次实现了动车组牵引、制动、网络控制系统的全面自主化，标志着我国已全面掌握高速铁路核心技术。在动车组254项重要标准中，中国制定的标准

左 整孔箱梁架设 473 孔

右 复兴号

占到 84%。先进的高速动车组技术标准体系标志着我国高速动车组技术全面实现自主化、标准化和系列化，极大增强了我国高铁的核心竞争力。我国再次成为世界上高铁商业运营速度最高的国家。

从技术上来讲，中国高铁拥有完整的运营系统，包括高速列车系统、轨道系统、调度信号系统、设备故障系统、信号系统等。高铁轨道、隧道建造技术要求更高，且具备应对各种复杂情况的能力，如中国高铁技术能够保证在温差很大的不同情况下铁轨不变形。2012 年，中国开通世界首条在高寒地区建设的高速铁路——哈大高铁。中国高铁在高寒地区也能安全运行，这是俄罗斯选择中国高铁的一个重要原因。中国已拥有完全的自主知识产权以及从系统集成、交流传动、网络控制、转向架、制动系统等到大大小小的硬件装备的成套铁路系统技术，形成了具有中国特色的高铁技术体系，表现出了对国外提供后续服务和维护的强大能力。当然，消化引进的技术并非易事，要切实地消化和吸收国外的先进技术，中国尚不具备的生产技术和不能生产的产品，尤其要下大力气去学习。引进的技术要完全掌握，在完全理解和掌握之后，还要考虑与已有的（本土的）技术体系相互融合，使之成为现有技术体系的一部分，以得到更加广泛的应用。中国今天的高速铁路的技术体系不只可以适应中国广大地区各种不同的环境，还可以针对国外各类地区的实际情况进行改进。

完成了"四纵四横"的铁路网络之后，2016年，中国修订并颁布了《中长期铁路网规划（2016—2030年）》，展现了"八纵八横"的中国高速铁路网的新蓝图。

所谓八纵是指：京哈通道、沿海通道、京沪通道、京九通道、京广通道、大湛通道、包柳通道、兰昆通道；八横是指：京兰通道、煤运北通道、煤运南通道、陆桥通道、宁西通道、沿江通道、沪昆（成）通道、西南出海通道。

在北京修建地铁萌生于20世纪50年代，并在60年代被提出来。1965年，在修建北京地铁的报告上，毛泽东做出批示："精心设计，精心施工。"1965年7月1日，北京一期地铁工程开工，1969年建成，10月1日通车，由北京站到苹果园，全长23.6千米。1981年，在试运营多年之后，地铁一期工程投入正式运营。今天，北京的地铁长度已经超过纽约。继北京之后，天津、上海、广州、南京、武汉、苏州等几十个城市陆续建成地铁。

20世纪80年代初，中国开始对低速常导型磁悬浮列车进行研究。1989年，国防科技大学研制成功中国第一台小型磁悬浮原理样车。1990年，西南交通大学磁浮团队研制成功磁悬浮模型车，实现了模型车的稳定悬浮和基于直线电机的驱动。2003年，上海开通的磁悬浮列车是中国第一条磁悬浮列车（使用德国产的TR08

型机车），最高运营速度 431 千米/小时，为我国实验磁悬浮列车积累了经验。2016 年 5 月，中国首条具有完全自主知识产权的中低速磁悬浮商业运营示范线——长沙磁浮快线开通试运营。该线路也是世界上最长的中低速磁浮运营线。2017 年 12 月，北京第一条中低速磁浮线路，也是我国第二条中低速磁浮交通线路——S1 线开通，列车设计运营速度 100 千米/小时。

青藏铁路（从青海省至西藏自治区的铁路线）线路建设过程中克服了高原冻土、高寒缺氧、生态脆弱三大世界级难题，创造了铁路建造史上的奇迹，最终于 2006 年 7 月 1 日全线建成通车运营。为解决高原冻土技术难题，青藏铁路借鉴了青藏公路、青藏

右　青藏铁路热棒路基技术

左　青藏铁路

输油管道和兰(州)西(宁)拉(萨)光缆等大型工程的冻土施工经验,并探讨和借鉴了俄罗斯、加拿大和北欧等国的冻土研究成果。中国科技人员采取了以桥代路、片石通风路基、通风管路基(主动降温)、碎石和片石护坡、热棒、保温板、综合防排水体系等措施。

2. 高速公路和桥梁

20世纪50年代,国家相继修通青藏公路、康藏公路和川藏公路。高速公路属于高等级公路,要能适应120千米/小时或者更高的速度,路面有4个以上车道的宽度。要具备以下特点:只供汽车高速行驶;设有多车道、中央分隔带,将往返交通完全隔开;设有立体交叉口;全线封闭,没有出入口控制。改革开放初期,公路承担的物流难以承担日益增长的运输任务。1988年沪嘉高速公路通车,实现中国大陆高速公路零的突破。1984年6月,辽宁省开始建设沈阳到大连的高速公路,1990年建成通车,被称为"神州第一路",是中国大陆兴建最早的高速公路。2004年,经过2年的改建,新的沈大公路采用了国际上先进的通信系统,将语音、数字、图像集成一体,具有程控交换、电话拨入、信息发布、检测车速、流量统计、气象预报等诸多功能,为交通信息管理提供了技术

上 建设中的中国第一条高速公路——沈(阳)大(连)高速公路

下 沪嘉高速公路

保障。沈大高速公路是中国首例里程长、科技含量和建设标准高的高速公路，经过扩建和改建之后，成为中国高速公路改建工程的"样板"。

2004年，中国制订了国家高速公路网的规划，即7条辐射线、9条南北纵线和18条东西横线，被称为"7918"网。公路的总规模达8.5万千米，是世界上规模最大的高速公路系统。2013年，交通运输部又制订了新的规划（2013—2030），在西部增加了2条纵线，成为"71118"网，总长为11.8万千米。中国不断加快高速公路的建设，早在2012年就建成9.6万千米，超过美国（9.2万千米），居世界第一；到2019年已超过13万千米，我国有近40%的货物通过高速公路实现流转。今天，中国在建的杭绍甬超级高速公路（137千米），可供智能汽车行驶，并且可以全程不停车自动扣费。这条技术先进的超级高速公路采用大数据和云平台，对于来往车辆和驾驶环境都提供安全保障。杭绍甬超级高速公路的路面采用光伏技术，电动汽车行驶在这种路面上，汽车可以边行驶边充电。

改革开放以来，中国建设桥梁不只是数量多，而且种类多、技术复杂且难度大。例如，1993年建成的杨浦大桥为斜拉桥，全长为600米，结束了中国不能建斜拉桥的历史。1999年，在江苏江阴建成长江公路大桥，是中国第一座超过千米的大跨径悬索公路大桥。2008年，建成总长达8千米的苏通长江大桥，是当时世界第一的公路斜拉桥，有世界斜拉桥最长的拉索、最高的桥塔、最

苏通长江大桥

大的群桩基础等，代表了中国桥梁建设的水平。

港珠澳大桥跨越三地，东接香港，西接珠海、澳门，总长 55 千米，且集桥、岛、隧为一体。它采用岸上预制、现场"搭积木"的形式进行拼装。港珠澳大桥拥有世界最长的海底隧道，全长 6.7 千米，创造性地采用了半刚性结构，在 40 多米深处建造了 5.5 千米沉管隧道，是我国首条外海沉管隧道，也是世界唯一的深埋隧道。在人工岛建设中，我国首创了外海大直径深插钢圆筒快速筑岛技术。此外，港珠澳大桥是按照 120 年使用寿命，抗 16 级风、8 级地震的标准进行设计，而且环保要求非常严格。港珠澳大桥把珠海、澳门同香港间的车程由 3 小时缩短至半小时。

由于气候、环境复杂，施工、建设难度大，工程建设中需要试验及需要突破界限部分占到工程总量的一半，为应对特殊挑战，技术创新占工程总量的 15%。工程人员以 300 余项科研专题研究支撑起港珠澳大桥的建设，在关键技术、关键装备、关键材料领域取得全面突破，也引领了行业技术标准。为此，港珠澳大桥创造了多个世界之最和世界唯一或

杭州湾跨海大桥

首例，如总体跨度最长，钢结构桥体最长，使用的钢筋量最重，海底沉管隧道最长，沉管隧道排水量最大，成岛速度最快等。由于毗邻香港机场，穿越30万吨轮船航道，穿过白海豚保护区，港珠澳大桥成为世界公路建设史上技术最复杂、施工难度最大、标准最高、工程规模最庞大的工程。大桥建设了世界唯一的深埋隧道，首次研发和采用了半刚性结构管节，首次研究并采用了组合基床+复合地基的控制沉降方案，首创了外海大直径深插钢圆筒快速筑岛技术等。因此，港珠澳大桥被英国《卫报》誉为"新世界七大奇迹"，也被誉为桥梁界的"珠穆朗玛峰"。

为了促进社会和经济的发展，中国工程人员还相继建成了杭州湾跨海大桥、青岛湾跨海大桥和上海东海跨海大桥。2008年建成的杭州湾跨海大桥的长度是35.7千米，是当时世界上最长的跨海大桥，它的技术难度也是国内外少有的：为了耐海水的腐蚀，研制出新型的混凝土，填补了世界建桥史上的空白；它还采用了世界上第一架"千脚蜈蚣"的架梁机，把"梁上架梁"的世界纪录从900吨提升到1430吨；为了防撞，桥墩还创制了一种全新的桥墩柔性防撞装置，并且在世界上首次使用；在施工中还在桥梁基础打下5513根"定海神针"，即整根的螺旋钢管桩，其最大直径 1.6 米，最大长度 89 米，在世界桥梁建筑史上是首次使用。2011 年建成的青岛湾跨海大桥全长 35.4 千米，是目前长度仅次于港珠澳大桥和杭州湾大桥的大桥，它代表了当时中国海上建桥的最高水平，获得了多项技术专利。2005 年 12 月建成的上海东海跨海大桥全长 32.5 千米，它与上海洋山深水港连接，使上海借此桥跳出了长江口而走向大海。

今天，中国已建成的公路桥和铁路桥总数超过百万座，中国是世界第一桥梁大国，并且创造了一些新的纪录、新的技术和新的材料。例如，目前世界上的十大大跨径的斜拉桥中，中国占 7 座；十大大跨径悬索桥中，中国占 5 座；十大最长的桥梁中，中国占 5 座；十大跨海桥梁中，中国占 6 座；十大大跨径拱桥中，中国占 3 座；十大最高桥梁中，中国占 8 座。桥梁不愧为中国的亮丽"名片"！

3. 轮船和港口

改革开放以来，中国的船舶制造业获得极大的发展，现在，中国的船舶制造产量占到世界的 95%。2017 年，中国在世界造船的三大指标中，即造船完工量、新接订单量和年底手持订单量都是世界第一。例如，2016 年 9 月 1 日交付使用的"瑞丰号"油轮的载重量为 30.8 万吨，可称为"海上巨无霸"。这样的超大型油轮，中国还有 3 艘，此外还有 40 万吨大型矿砂船"天津矿石号"……中国船舶制造业的科技含量也是很高的，如全球最先进的 6000 吨抛石船，全球最大的 3.8 万立方米的乙烯运输船，被誉为"造岛神器"的挖泥船"天鲲号"，等等。还有大量先进的海洋装备船进入国内外的有关机构，如"海洋地质 10 号"综合地质调查船，它可用于南海可燃冰的钻探；被誉为"造船业皇冠上的明珠"。目前，只有中国、日本和韩国等几个国家能建造液化天然气船。世界最大的超深水双钻塔半潜式钻井平台"蓝鲸2号"于2017年8月建成。中国还建造了世界最大的起重船"振华30号"（排水量25万吨），港珠澳大桥工程最终的接头合龙就是由"振华30号"承担的。2018年，中国第一艘2万标准箱级集装箱船也完工并交付使用。

长江是中国的一条"黄金"水道，运输量很大，早在三国时期，南京港就成为一个商港和军港。1971年，南京栖霞山建成油港后，南京港的吞吐量达到了千万吨。改革开放以来，中国的外贸量剧增，由于流经南京的江面开阔，已建成数十座万吨级的深水泊位。到1986年，随着对国外的船舶开放，南京港成为中国最大的内河江海型国际商港。2005年，南京港的货物吞吐量过亿吨。2007年，港口集装箱中转量突破百万箱，进

瑞丰号油轮

入中国百万标箱港口行列。

"西气东送"工程主要是把塔里木盆地发现的天然气（占全国储量的 1/5）供给中原、华东、长江三角洲地区。所使用的天然气管道的直径为 1118 毫米，工程总投资 1463 亿元。它西起塔里木轮南油气田，经过新疆、甘肃、宁夏、陕西、山西、河南、安徽、江苏、上海，共 9 个省市区，全长达 4167 千米。

4. 通信技术

20 世纪 50 年代初，中国大陆仅有 31 万门市内电话。到改革开放初期，电话的数量仍然很少，而且多为公务上使用，让老百姓用上电话的目标仍是很难实现的。在福建地区，一些投资人对电话的需求很大。为此，福建省领导项南提出引进设备和技术的问题。他认为，需要搞电话的自动化和现代化。1982 年 11 月，福州市建成了一个万门程控电话交换系统。这也是中国第一个万门程控电话交换系统。程控交换技术是 20 世纪 70 年代发展起来的先进技术，为了发展中国的通信技术，中国邮电工业总公司联合中国人民解放军信息工程学院共同研发程控交换技术，1991 年终于研制出中国第一台程控交换机。今天，程控电话网和公用数据网成为中国的国家公用信息网，而这种与世界同步发展的信息技术，就是从中国的第一个万门程控电话交换机开始的。到 2009 年，中国的电话用户已经突破 10 亿，移动用户超过 6.7 亿户，互联网的用户达到了 4000 万户，而国产程控交换机在市场上的占有率达到了 95%。

在西部建设中，通信技术占据重要的地位。为了实现容量大、速度快的光纤通信，必须进行铺设光缆的基础建设。20 世纪 80 年代，建设了从兰州经西宁到拉萨的光缆，称为"兰西拉光缆"。这条线路的 90% 都铺设在海拔 4500 米以上地区，并且要穿越海拔

5231米的唐古拉山。1998年8月7日，这条光缆开通。作为国家"八横八纵"通信网的一部分，大大改变了中国西部通信设施的落后面貌。

所谓的"八横八纵"，是8条纵向光缆干线和8条横向光缆干线。其中的8条纵向光缆干线：①牡丹江—上海—广州（长5241千米）；②齐齐哈尔—北京—三亚（长5584千米）；③呼和浩特—太原—北海（长3969千米）；④哈尔滨—天津—上海（长3207千米）；⑤北京—九江—广州（长3147千米）；⑥呼和浩特—西安—昆明（长3944千米）；⑦兰州—西宁—拉萨（长2754千米）；⑧兰州—贵阳—南宁（长3228千米）。8条横向光缆干线：①天津—呼和浩特—兰州（长2218千米）；②青岛—石家庄—银川（长2214千米）；③上海—南京—西安（长1969千米）；④连云港—乌鲁木齐—伊宁（长5056千米）；⑤上海—武汉—重庆—成都（长3213千米）；⑥杭州—长沙—成都（长3499千米）；⑦上海—广州—昆明（长4788千米）；⑧广州—南宁—昆明（长1860千米）。所谓"兰西拉光缆"的完成，说明这"八横八纵"的网络全部完成。全国所有光缆的总长为577.2万千米，耗用光纤10781万千米。它们构成了互联网的物理基础。

5. 电子邮件

20世纪80年代，随着改革开放，中国

向世界打开大门，同时派出大量的人员学习、进修和访问。中国科学院高能物理研究所（简称为高能所）的吴为民就是被派去欧洲核子研究中心的研究人员。在那里，他结识了杰克·斯坦伯格（1921—2020，1988年诺贝尔物理学奖获得者），并加入了他的ALEPH国际合作组。斯坦伯格告诉吴为民，应该建立ALEPH组与高能物理研究所联通的计算机网络。当时，高能所并没有计算机网络，建立远程网也简直是天方夜谭。但吴为民仍然决定申请开发远程终端。1984年7月1日，高能所与水电科学院M-160计算机的远程终端正式启用。这就是中国计算机网络通信的第一个"原始胚胎"。经过两年的努力，吴为民的小组克服重重困难，终于实现了进行计算机网络通信的目标。在北京信息控制研究所的IBM-PC电脑上，吴为民写下了第一封电子邮件。这封邮件通过中国—奥地利维也纳—瑞士日内瓦的卫星通信线路，送达斯坦伯格的电脑。1986年9月10日，在公开这一事件之后，还公布了实测的速率——560比特/秒。经过30多年的发展，计算机网络已经遍布中国。依据2018年的资料，中国固定宽带网络平均下载速度达到21.31兆比特/秒，网速是1986年的近4万倍。中国网民的规模达到8.29亿，互联网的普及率也接近60%，中国手机网民规模已经超过8亿，使用手机上网的比例达到98.6%。2013年，中国在4G技术上取得突破，跻身世界先进行列，成为名副其实的移动互联网大国。而今，5G时代开启，中国的通信、互联网会发挥更大的作用。

6. "三金工程"和电子商务

"三金工程"即3个"金"字打头的电子信息工程，它们是金桥工程、金关工程和金卡工程。"三金工程"是国家实施的重大电子信息工程，目标是建设中国的"信息高速公路"（或称为"信息高速国道"）。这是中国于1993年年底正式启动的国民经济信息化的重要工程。其中"金桥工程"是最先建立的国家共用经济信息网，是一个覆盖全国，并与国务院各部委连接的国家共用经济信息网。它起始于1992年北京市科协提出的"金桥计划"，并且在1993年由中国科协在全国推广。最初的"金桥工程"是为满足国家经济建设，发挥科技群众团体的优势，发挥首都科技的优势，为广大科技工作者在科技与经济之间架设一座"金桥"，并且在科技成果和生产应用之间架设一座"金桥"。北京市的"金桥工程"先后组织实施的项目达6000余项，累计增加的经济效益达90多亿元，为首都地区的经济建设和社会发展做出了巨大贡献。具体地讲，作为国家经济信息网，金桥网以光纤、微波、程控、卫星、无线移动等多种方式形成空地一体的网络结构，建立起国家公用信息平台。这个网络覆盖全国，与国务院部委专用网相连，并与中国城市、大中型企业以及一些重要的企业集团、国家重点工程连接，形成电子信息高速公路的干线，并与全球信息高速公路互联。"金关工程"是对国家外贸企业的信息系统实行联网，推广电子数据交换技术（EDI），实行无纸贸易的外贸信息管理工程。它可延伸到用计算机对整个国家的物资市场流动实施高效管理，并将对外贸企业的信息系统实行联网，实现通关自动化，并与国际EDI通关业务接轨。"金卡工程"是以推广使用"信息卡"和"现金卡"为目标的货币电子化工程。金卡工程从电子货币工程起步，在中国推广普及金融交易卡，实现支付手段的革命性变化，从而跨入电子货币时代，并逐步将信用卡发展成为个人与社会的全面信息凭证。此后，还有一些信息化的"金字工程"，如金智工程、金企工程、金税工程、金通工程、金农工程、金图工程和金卫工程等。

　　随着中国社会的快速发展，特别是贸易活动的不断扩展，对交易的速度提出了越来越高的要求。1998年4月7日，北京海星凯卓计算机公司与陕西华星进出口公司利用中国商品交易中心的电子商务交易系统进行了一单电子交易。这是中国第一笔借助电子商务交易方式完成的订单，标志着中国向成为世界电子商务大国迈出了第一步。在此后的20多年中，中国的经济保持着很大的活力，这与国家对电子商务交易的支持是分不开的。1998年10月，国家经贸委与信息产业部共同宣布，打造以电子贸易为主要内容的"金贸工程"。开发电子商务在经贸流通领域的大型应用是这个项目的主要目标。1999年，中国诞生了第一家电子商务平台——8848。不久，另一家电商——易趣登录互联网，与8848展开了竞争。接着，一家名为阿里巴巴的电子商务平台出现，并且进行大宗商品交易。最终，阿里巴巴开始影响中国人的购物方式。1999年，中国共成立了370多家电子商务公司，很快发展到700多家。当然，在新的千年到来之际，互联网出现第一次泡沫危机，包括8848在内的一批电子商务企业倒闭，易趣也被收购。然而，成立于2003年的淘宝，成为阿里巴巴的C2C平台；2008年，淘宝推出B2C模式——淘宝商城，即天猫，与此展开竞争的是另一家B2C公司，即京东。

今天，中国已经成为世界上最大的网络零售市场，交易额也是世界第一。按照2017年的数字，当时中国网民的数量已达7.72亿，全球第一，拥有5.33亿网络购物用户，网民的网购使用率已经接近七成。互联网+的发展、诸多的创新是中国市场经济成熟的一个标志，也是改革开放的中国取得的一个显著的成果。电子交易方式不只是改变了中国商贸交易的方式，而且在2020年瘟疫大流行之时也发挥了极大的作用。

三、农业技术

中国共产党历来重视农业的发展,改革开放以来,若干个"一号文件"都涉及农业的改革问题,对农业的发展都发挥了良好的作用。中国对农业技术的发展一直有合理的规划,使农业的发展是可持续的。中国还初步完成了全国耕地的土壤普查,取消了农业税。

1982—1986年中央的一号文件

1. 新技术的发展

农作物新品种的研究工作历来是受到重视的。中国小麦新品种面积达4000万亩,占到全国小麦播种面积的一成,增产5%~10%;水稻新品种40个,推广面积达5000万亩,平均亩产增加50千克。育成蔬菜品种46个,得到大面积的推广;完善了马铃薯颈尖脱毒技术,并且找到了防止由于病毒侵入而使马铃薯减产的方法,使马铃薯的平均亩产提高50%~100%,还解决了繁育马铃薯的技术问题。

1995年11月，中国农科院植物保护研究所培育成功世界上第一株抗大麦黄矮病毒的"转基因小麦"。黄矮病毒会使小麦减产20%～30%。科学家先测得黄矮病毒外壳蛋白质基因核苷酸的序列，破译它的遗传密码，并进行人工合成。他们应用了花粉管通道法和基因枪法等方法，把人工合成的病毒外壳蛋白基因导入普通小麦之中。

《国家"十一五"科技发展规划》确定了16个科技重大专项，"转基因育种新品种培育"就是其中之一。所谓"转基因"是通过基因工程的手段，按照预先的设计对生物体的特定基因进行改造和转移。这是一种重要的新品种培育手段。1996年，我国大豆分子育种研究获得进展。"转基因大豆"（名为"D89-9822"）被黑龙江农科院的科技人员开发出来，并且进行了试验。这个试验还实现了外源DNA导入技术以及远缘或属间的杂交，创造出第3代杂交大豆，使大豆杂交优势获得突破性进展。

国家玉米工程技术中心（山东）主任李登海创造了夏玉米的高产纪录。他提出了株型与杂种优势互补的观点，杂种优势与群体光能有机结合的观点，这些观点在育种理论上都有一定的突破。他选育出的"478"自交系组配的杂交种，是高光效、株型茎叶夹角小、叶片挺直上冲的紧凑型，其理化的指标也很理想，而且实现了种植密度、叶面积指数、经济系数和较高密度下的单株粒重4个"突破"。以种植密度来说，每亩平均增加1000～1500株。李登海育成的"掖单12号"和"掖单13号"也表现出极好的应用前景。因为他的研究工作，李登海被誉为"杂交玉米之父"。

"华南稻区水稻重大病虫害可持续控制技术研究"的专题（"十五"的攻关计划）研究中，科研人员进行了一些田间试验与示范，并在高效低毒药剂的筛选和防治技术方面取得进展。科技人员研制出58%的稻虫杀净，被列为台山珍香稻米专用杀虫剂，以此替代高毒药剂甲胺磷。此外还进行了褐稻虱对吡虫啉和扑虱灵抗药性的检测，研究了不同抛秧栽培密度和不同施肥模式与病虫害发生的关系，以发展适应优质＋低氮肥＋湿润灌溉＋放宽防治指标生产性配套技术措施的控制病虫害的技术。这些研究为华南水稻重大病虫害的可持续控制技术提供了依据。

2. 杂交水稻技术

籼型杂交水稻是中国农业科学技术的重要工程。中国杂交水稻的育成，是水稻育种史上的一次重大突破，袁隆平因此被称为"杂交水稻之父"。他打破了水稻等"自花授粉作物没有杂种优势"的传统观念，大大丰富了作物遗传育种的理论和实践。这一重大科技成果的应用，给我国的水稻生产带来了飞跃，使水稻生产取得了巨大的社会、经济效益。杂交水稻的生产依赖于杂交水稻制种。杂交水

袁隆平

稻制种是一项特殊的生产，它具有技术性强、质量要求高、生产投资大、经济效益好的特点。原来我国的杂交稻主要是三系法杂交稻，后来的两系法杂交稻发展较快，2002年其应用面积已占杂交水稻总面积的20%。

1964年，袁隆平开始研究杂交水稻。1966年，他发表有关水稻雄性不育试验研究。1972年，他育成中国第一个水稻雄性不育系"二九南1A号"和相应的保持系"二九南1B号"。1973年，袁隆平的小组攻克了"三系"配套难关，并宣告中国籼型杂交水稻"三系"已经配套。1974年育成第一个杂交水稻强优组合"南优2号"。1975年研制成功杂交水稻制种技术，从而为大面积推广杂交水稻奠定了基础。1985年提出杂交水稻育种的战略设想，为杂交水稻的进一步发展指明了方向。

1987年，国家"863计划"将两系法杂交水稻研究立为专题，袁隆平组成了两系法杂交水稻研究协作组，开展全国性的协作研究。历经9年的时间，1995年"两系法"杂交水稻取得了成功。两系法杂交水稻为中国独创，它的成功是作物育种技术的重大突破，使中国的杂交水稻研究继续保持世界领先水平。

1997年，袁隆平又提出了旨在提高光合作用效率的超高产杂交水稻形态模式和选育技术路线，开始了"中国超级杂交水稻"的研究。2006年，他提出"种三产四"的丰产工程，即运用超级杂交稻的技术成果，力争用3亩地产出现有4亩地才能产出的粮食，在湖南试种且取得非常好的效果后在全国推广。2013年，由袁隆平科研团队攻关的国家第4期超级稻百亩示范片"Y两优900"中稻平均亩产达988.1千克，创世界纪录。2018年10月，超级杂交稻品种"湘两优900（超优千号）"再创亩产纪录，达1203.36千克。

3. 农业机械

20世纪50年代，中国的农业生产主要靠的是人力和畜力。中国拖拉机工业的起点是以东方红拖拉机的诞生为标志的。1958年，中国第一台东方红大功率履带拖拉机诞生，80年代，东方红8挡小四轮拖拉机在一拖诞生，推动了农机工业的发展。90年代，我国第一个国产大功率轮式拖拉机专业生产基地在中国一拖集团有限公司（简称为中国一拖）建成。1994年，国家拖拉机研究所整体并入企业，中国一拖率先在拖拉机行业建立起国家级技术中心，研发实力大大增强。仅"八五"至"十五"期间，中国一拖先后承担起了橡胶履带拖拉机、东方红LF80-90、大功率拖拉机等多项国家重点技术创新和重点新产品项目的研发，不断向产业高端技术发展。

20世纪60年代，农业机械化生产有了很大的进步。1963年的"五一"劳动节前夕，中国研制出第一台"东风牌"大型自走式联合收割机。承担这个研制任务的是吉林省四平东风联合收割机厂。技术人员和工人借着苏联的图纸进行研制，在制造出联合收

上 东方红拖拉机

下 「东风牌」大型自走式联合收割机

割机之后，在北京进行了田间作业的试验。这一试验的成功，对中国农业机械化的发展产生了有利的影响。今天，中国的收割机不只是满足中国农业生产的需要，并且销往几十个国家和地区。

四、健身与医疗

21世纪初，中国城镇居民和农村居民人均收入分别实现了年均9%和8%的增长速度。覆盖城乡居民的社会保障体系建设也取得了突破性的进展。截至2011年年底，全国城镇职工基本养老、基本医疗、失业、工伤、生育保险等已形成完整的社会保障体系。

初步形成了学科门类齐全的卫生科技体系，医疗卫生高新技术引进、转化、推广和应用稳步发展。"十一五"期间，国家部署并实施了出生缺陷群体监测研究，现代医学、分子生物学和信息科学的高新技术研究成果得到应用。2009年，国家实施了农村育龄妇女免费增补叶酸预防神经管缺陷项目。2012年，在部分地区启动了"地中海贫血"防治试点项目和新生儿疾病筛查补助项目。

早在20世纪90年代，国家提出了全民健身的计划，并且得到了较好的实施，城乡居民的健身活动得到了较好的发展。为了推广健康生活，提高全民的体质，每年的8月8日被确定为全民健身日。城乡各地都大力建设公共健身设施，以方便群众开展健身活动。2009年8月，出台了《全民建设条例》。

试管婴儿是一项高精尖的新技术。英国科学家经过多年

的研究，在 1978 年取得成功。1984 年，北京医科大学（今北京大学医学院）的科技人员组织生殖工程研究组，开始试管婴儿的研究，并于 1988 年 3 月 10 日产下第一个女婴。目前，中国是世界上诞生试管婴儿最多的国家。

在疾病防治方面，心血管疾病发展趋势和防治策略研究、脑卒中综合预防、白血病的分化诱导治疗、肝癌的免疫预防和早诊早治等领域取得重要的进展。在中医药现代化方面，一系列现代制药的新技术和新方法在制药研究和生产中得到广泛应用，制药产品的质量和生产技术装备水平得到提高。2006 年，《中医药标准化发展规划（2006—2010）》发布，重点组织开展了常用中药材、中药饮片、配方颗粒和中成药疗效、安全性评价标准等研究。在医疗器械的研发上，形成了一个多学科交叉的医疗器械研究和发展体系，取得了"海扶刀"、高性能全自动的生化分析仪、基于模糊随机建模的医学成像与图像分析技术等

左　中国首例试管婴儿

右　北京小汤山医院的医务人员为彻底消毒后的病房贴封条

重大的成果。

2003年，在中国发生了SARS（严重急性呼吸综合征，即非典型肺炎）病毒的流行；北京小汤山医院共收治680名患者，672名痊愈出院，8人死亡，治愈率超过98.8%。1383名医护人员无一感染。这年年底亚洲又发生了H5N1亚型禽流感疫情。世界卫生组织警告，H5N1禽流感病毒一旦在人与人之间流行，会引发全球的流行，造成上百万人的死亡。作为"十五"期间的攻关项目，人用禽流感疫苗从2007年开始进行临床试验，结果是比较理想的。2005年，中国农业科学院哈尔滨兽医研究所国家禽流感参考实验室研发出两种H5亚型禽流感灭活疫苗。2009年2月，北京科兴生物制品有限公司和中国疾病控制中心共同研制出"人用禽流感疫苗"，保护性抗体阳性率、抗体阳转率和抗体几何平均滴度（GMT）增高倍数等指标都达到国际水平。

五、国防尖端技术

改革开放以来，军队向正规化不断迈进，大力发展军事装备的研发工作，不仅提高了技术装备的水平，也使中国的国防实力得到加强。

1. 飞机

20世纪50年代初，中国航空工业的建设所遵循的方针是：先修理后制造，由小到大地发展。在得到苏联提供的飞机图纸和技术之后，南昌飞机制造厂开始仿制"雅克-18"教练机，并于1954年7月3日研制成功"初教-5"。1956年7月，沈阳飞机制造公司（原112厂）的第一架喷气式飞机——歼-5型（最初命名为"56式飞机"）试飞成功。1958年，哈尔滨飞机制造厂研制成功第一架直升机，当年12月14日在北京试飞成功。60年代该飞机制造厂迁到"三线"，并成立昌河飞机公司，作为一个研发直升机的基地，70年代仿制苏联的"Z-8型"直升机成功。1994年12月，昌河的"Z-11型"研制成功。到20世纪末，中国的科技人员设计各种机型60多种。

上 歼-5

下 运-20大型运输机

20世纪50年代，中国空运力量主要由国产轻型运输机运–5承担。运–5飞行稳定，运行费用低，至今仍是中国最为常见的空运机种之一。60年代，中国科技人员先后研制出运–7和运–8型运输机，并且批量装备部队。

2006年，战略重型运输机（简称为"大运"）被列入《国家中长期科学和技术发展规划纲要（2006—2020年）》，2013年1月26日首飞成功。这就是运–20（绰号"鲲鹏"），是中国自主研发的新一代大型军用运输机。它由中国航空工业集团公司第一飞机设计研究院设计、西安飞机工业集团为主制造。运–20飞机的研发参考俄罗斯伊尔–76的气动外形和结构设计，并融合美国C–17的部分特点，采用悬臂式上单翼、前缘后掠、无翼梢小翼，最大起飞重量220吨，载重超过66吨，最大时速超过800千米，航程大于7800千米，实用升限13000米，拥有高延伸性、高可靠性和安全性。作为大型多用途运输机，运–20可在复杂气象条件下，执行各种物资和人员的长距离航空运输任务，与伊尔–76比较，运–20的发动机和电子设备有了很大改进，载重量也有提高，短跑道起降性能优异。运–20还可被改装为空中加油机。

20世纪90年代后期，民用航空的需求量大增。2002年，中国研制新支线飞机（型号为ARJ21），并于2008年11月首飞成功。ARJ21支线飞机的研制为中国民机产业发展摸索了道路，以促进产业升级和经济转型发展为主线的创新驱动战略迅速展开。2006年2月9日，国务院颁布《国家中长期科学和技术发展规划纲要（2006—2020年）》，大型飞机被确定为国家的重大专项之一。

大型客机的研发和生产制造能力是一个国家航空水平的

重要标志，也是一个国家整体实力的重要标志。在我国，大飞机是指起飞重量超过100吨的运输飞机，也包括拥有150座以上的干线喷气式客机。国际上习惯把300座以上的客机称为"大型客机"，2008年C919开始研制。该飞机采用后掠下单翼，大展弦比，超临界机翼，正常式尾翼。翼吊两台高涵道比涡扇发动机。全机长39米，翼展35.8米，全机高12米，设计航程为4075～5555千米。最大起飞重量72.5吨，巡航速度0.78马赫，最大飞行高度12千米。C919的设计和研制表明，我国掌握了民机产业5大类、20个专业、6000多项技术，促进了航空工业的跨越式发展，提高了自主创新能力，也带动了新材料、现代制造、先进动力以及电子信息等领域关键技术的群体突破，形成"大飞机效应"。C919客机是中国首款按照最新国际适航标准，具有自主知识产权的干线大型喷气式飞机。C919客机属中短途商用机，其基本型布局为168座，经济寿命达9万飞行小时。C919于2017年5月5日在上海浦东国际机场成功首飞，2018年2月6日，中国商用飞机有限责任公司宣布2021年交付首架C919单通道客机，成为"中国民航业一座里程碑"。C919的研制坚持自主研制、国际合作、国际标准的技术路线，攻克了包括飞机发动机一体化设计、电传飞控系统设计等100多项核心技术、关键技术。它大量采用复合材料，机舱噪声较低，符合环保的设计理念，C919飞机的碳排放量较同类飞机降低50%。

AG600是我国自行设计研制的大型灭火、水上救援水陆两栖飞机，是中国新一代特种航空产品的代表作。AG600可水陆两栖，拥有执行应急救援、森林灭火、海洋巡察等多项特种任务的功能，配备红外探测和光学照相等搜索、探测设备，配装贮水系统、水上救援的紧急救护设施（主要包括危重伤病员铺位、救护艇、救护衣、担架、简易紧急手术设施和药品等）。AG600可实现快速高效地扑灭森林火灾和及时有效地进行海难救护，一次汲水12吨的时间不超过20秒，可在水面停泊实施救援行动，一次最多可救护50名遇险人员。AG600采用单船身、悬臂上单翼布局，装有4台WJ-6发动机，采用前三点可收放式起落架。从外观来看，机身下半部分是船体，机身上部才像常规的飞机气动布局，机翼两侧下放吊有两个浮筒，既能水上起飞又能陆地起飞，优于单纯的水上飞机。

中国空军第一架预警机"空警-1"在苏联图-4远程轰炸机基础上改装研制。"空警-200"预警机实际上是运-8AEW的改进型，是一种小型预警机。2005年1月14日，"空警-200"完成了第一次试

上 AG600
中 空警-1
下 空警-2000

飞。随后，位于汉中的陕西飞机工业集团加快了研制"空警-200"的步伐。2009年的国庆60周年阅兵式上，"空警-200"梯队首次亮相。"空警-2000"预警机采用了相控阵雷达技术。该预警机采用俄制伊尔-76为载机，但它的固态有源相控阵雷达、软件、砷化镓微波单片集成电路、高速数据处理电脑、数据总线和接口装置等皆为中国设计和生产。

作为中国第一款正式服役的隐形战斗机，歼-20具有优异的隐身性能，对中国空军的发展产生了极大的影响。先进的新一代航电系统是歼-20作为全新一代战机的核心标配，如有源相控阵雷达系统、电子战系统以及光电系统等，中国空军自此开始跨入"隐身时代"。

回望珠海国际航展（也被称为"中国航展"）中展示的中国歼击机，就可以看出歼-20部分的发展历程。1996年的第一届珠海航展，中国空军参展的主力机型是2代机歼-8ⅡM。从20世纪90年代初期开始，我国空军武器装备开始加速升级换代，陆续从国外引进先进的主战飞机，并装备自主研制的3代战机歼-10。

歼-20隐身战斗机

2008年，在第七届珠海航展歼-10亮相。在第十一届珠海航展上（2016年11月1日），歼-20出现，这是中国空军的主战飞机。歼-20使中国空军主战装备正式跨入与强国同代竞争的时代，中国空军成为世界上第二支拥有隐形战机的空军。歼-20采用了菱形机头、梯形机翼、外倾双垂尾等气动布局，减少不连续平面引起的雷达反射。V型尾翼和腹鳍，提高了涡流位置，保证涡流从主翼面掠过。这使飞机阻力减小，并提高了飞行速度，且有利于隐身。配置先进的有源相控阵雷达（测距远、抗干扰强）、玻璃化荧屏、多余度电传操纵、光电系统等高端技术，雷达发现的目标数量多，能自动识别和判断有威胁的目标，最后确定并同时攻击多个敌方目标。这种新式战机还可反制敌方的雷达和通信，借助机载电子干扰设备潜入敌方的战区，执行电子干扰和破坏任务。飞机采用全景座舱与显示系统，可显示本机的位置、航点和航线，还可显示通过本机传感器和战术信息网得到的目标和轨迹数据以及各种威胁，还可在分屏上显示雷达、红外探测、悬挂物状态和攻击的画面等。总之，这款战机不只是隐身性能好，而且可以在一些恶劣的环境中执行任务，可大大增强中国空军的整体作战能力。

2. 军舰

在"东风5号"导弹的试验过程中，中国海军承担的工作是中国最大的一次远洋军事行动。在实施这次任务之前，要组织大规模的测量和护航远洋船队。这个船队包括："远望"系列行天测量船、"向阳红10号"远洋测量船、"大江级"远洋打捞救生船、"福清级"大型油水补给舰、远洋拖船和051型导弹驱逐舰等。这次任务还催生了中国第一代051型导弹驱逐舰和"远望"系列行天测量船队。参与远洋舰队的舰船共 18 艘，被编成 3 个舰队。这些大型舰船的建造大大提高了海军远洋补给的能力。

在发展航空母舰的同时，为了远洋作战的需要，052B 型驱逐舰、051C 型驱逐舰、052C 型驱逐舰和 052D 型驱逐舰接连研制成功之后，2017 年 6 月 28 日，055 型首舰在上海江南造船厂下水。055 型导弹驱逐舰采用了高度隐身化的设计，从舰首到舰尾，各种装备设施收纳到舷墙内或以舱门遮蔽，有很强的隐身性能。它的空载排水量为 9500 ~ 10 000 吨，满载排水量 12 500 吨。055 型驱逐舰上装备了新型 S 波段有源相控阵雷达。该舰可装备包括海红旗 -9B 远程防空导弹、鹰击 -18A 反舰导弹、反潜助飞鱼雷以及对陆攻击巡航导弹等，可用于执行防空、反舰、反潜、对陆攻击等任务。

航空母舰（以下简称"航母"）是水面最强战舰，是大国海军综合战力和现代化水平的重要体现。2005 年 4 月，中国从乌克兰购买未完成的"瓦良格号"航母，经过 8 年的改造，2012 年 9 月 25 日正式交付中国海军，命名为"辽宁舰"。"辽宁舰"的排水量为 6.7 万吨，为大型航母，超过了除美国之外任何国家的任何一款航母。

"山东舰"航母是我国第二艘航母，由我国自行研制，2017 年 4 月 26 日下水，2018 年 5 月 13 日完成首试。相比于辽宁舰，"山东舰"采用了很多新技术，它的甲板也重新进行了规划，增大了飞行甲板的面积，舰载机数量相比辽宁舰有明显增加，大大提升了该舰的战斗力。"山东舰"航母对于增强我国海域防卫作战能力、应对外部安全威胁能力与发展远海合作，都具有重要意义，可有效维护国家主权、安全和利益。

辽宁舰

山东舰海上训练

第十章
高新技术的辉煌

第二次世界大战之后，发达国家都非常重视科学技术的发展。为了追赶世界先进水平，中国对于科技的发展也给予了极大的投入。周恩来总理曾经着重指出：中国"要按照需要和可能，把世界科学最先进的成就尽可能迅速地介绍到我国来，把我国科学事业方面最短缺而又最急需的门类尽可能迅速地补足起来，根据世界已有的成就来安排和规划我们的科学研究工作，争取在第三个五年计划期末使我国最急需的科学部门能够接近世界先进水平"。"文革"结束以后，中国开始大力抓经济建设和科技发展，并且争取在20世纪末实现"四个现代化"，即工业现代化、农业现代化、国防现代化、科学技术现代化，把中国建设成为一个现代化的强国。

右起王大珩、王淦昌、杨嘉墀、陈芳允

一、863 计划

"863 计划",全称为国家高技术研究发展计划,这是中国政府组织实施的一项对国家的长远发展具有重要战略意义的国家高技术研究发展计划,着重解决事关国家中长期发展与国家安全战略性、前沿性和前瞻性高技术问题,发展具有自主知识产权的高技术,培育高技术产业生长点,力争在有优势和战略必争的高技术领域实现跨越式发展。

20 世纪 80 年代,科学技术发展的速度更加迅猛,科学技术对人类社会的影响也更大,直接带来了诸如经济、文化、政治、军事等各个方面的革命性变革。很多国家都非常明确地将发展高技术作为国家发展战略的重要组成部分。

1986 年 3 月 3 日,王大珩、王淦昌、杨嘉墀、陈芳允四位科学家正式向国家提出了要跟踪世界先进水平,发展中国高技术的建议。由王大珩执笔、四人签名提交了《关于跟踪世界战略性高技术发展的建议》。邓小平批示，"宜速决断，不可拖延"，为此，国务院提出了《国家高技术研究发展计划纲要》，该计划也被通俗地称为"863计划"。

"863计划"于1987年3月正式开始实施，组织上万名科学家在各个不同领域，协同合作，各自攻关，取得了丰硕的成果。1991年，邓小平又为"863计划"题词："发展高科技，实现产业化。"这一题词给了为实现"863计划"而攻关的科学家以鼓励，也为中国高科技的发展指明了方向。

经过持续的推进，"863计划"有力地促进了中国高技术及其产业发展，成为中国科学技术发展的一面旗帜。

"863计划"主要涉及的领域有：生物技术（优质、高产、抗逆的动植物新品种主题，基因工程药物、疫苗和基因治疗主题，蛋白质工程主题，糖生物工程主题）、航天技术（航天技术研究发展性能先进的大型运载火箭）、信息技术（智能计算机系统主题，光电子器件和光电子、微电子系统集成技术主题，信息获取与处理技术主题，通信技术主题）、激光技术、自动化技术（计算机集成制造系统主题，智能机器人主题）、能源技术（燃煤磁流体发电技术主题，先进核反应堆技术主题）、新材料技术（新材料和现代科学技术主题）、海洋技术（海洋探测与监视技术主题，海洋生物技术主题，海洋资源开发技术主题，海洋高技术主题）、专项（水稻基因图谱，航空遥感实时传输系统，HJD-04E型大型数字程控交换机关键技术，超导技术，高技术新概念新构思探索，增强中国综合国力）。

通过持续的自主创新，"863"诸项目取得了一大批达到或接近世界先进水平的创新性成果，特别是在高性能计算机、移动通信、高速信息网络、深海机器人与工业机器人、天地观测系统、海洋观测与探测、新一代核反应堆、超级杂交水稻、抗虫棉、基因工程等方面已经站在世界前列；重视高技术集成创新和培育战略性新兴产业，在生物工程药物、通信设备、高性能计算机、中文信息处理平台、人工晶体、光电子材料与器件等国际高技术竞争的热点领域，成功开发了一批具有自主知识产权的产品，形成了我国高技术产业的增长点。同时，围绕国防现代化建设需求，发展我国新的战略威慑手段和新概念"杀手锏"装备，也取得了突出的成绩。

二、新能源技术

能源基础科学包括能源的开发和高效利用、新能源的开发利用、能源安全等方面的研发工作。如制成第一根太阳能冶炼的单晶硅，成功研制容量为650Ah的钠硫储能单体电池等。新能源是指正在开发和研究或使用相对较少的能源，如太阳能、地热能、海流能、风能、氢能、潮汐能、沼气等。在化石能源高效清洁利用、石油勘探与开发和提高采收率、战略矿产资源研究等方面也取得了一批成果。

1. 核电站的建设

我国一直重视核能技术的发展，早在1955

年中央就提出："用原子能发电是动力发展的新纪元，是有远大前途的。在现有条件下应用原子能发电，组成综合动力系统。"1974年，周恩来总理批准了压水堆核电站方案，并将其作为科技开发项目，列入了国家计划。这就是秦山核电站的由来。秦山300兆瓦核电站是我国第一座自行设计、自主建设的核电站，为此动员了100多个科研单位、7个设计机构、11个施工单位和近600个设备制造厂家参与核电站的建设。经过研究和设计，秦山核电站于1985年3月20日正式开工，1991年12月15日正式并网发电，结束了我国大陆无核电的历史，实现了我国在核电技术上的重大突破，中国成为继俄罗斯、美国、英国、法国、加拿大和瑞典之后，世界上第七个自行设计和建造核电站的国家。此后，秦山核电站经过几期的扩建，成为

秦山核电站三期

中国核电机组数量最多、堆型最丰富、装机容量最大的核电基地。秦山核电站运行管理和检修队伍，保证了核电站的安全运行。2006年，世界核电运营者协会（WANO）数据库中的全球265台压水堆机组中，秦山核电站机组的6项指标位列世界第一。秦山核电站之后，中国相继建成了大亚湾、三门、红沿河、宁德、岭澳、方家山、福清、田湾、海阳、台山、昌江、防城港、石岛湾和阳江等核电站。到2018年，中国的核电机组达到43台，年发电量列全球第三，在建机组13台，规模居世界首位。预计到2030年，中国将取代美国，成为世界最大的核电国家。

清华大学一直致力于核能的研发工作。早在1985年11月，清华大学核能研究所（今核能研究院）开始建设5兆瓦低温供热实验堆，1989年11月建成。这使中国低温核供热技术跻身世界先进行列，并且为其产业化打下了基础。此后，清华大学核能研究院又开始高温气冷实验堆（HTR10）的研制工作，这也是"863计划"能源领域的一个重大项目。这是世界上首座模块式高温气冷堆，是一种具有第4代核电技术特征的先进核能技术，中国是继美国、英国、德国、日本之后第五个掌握该技术的国家。

中国原子能研究院主持了中国实验快堆的研制工作。"快堆"是快中子增殖堆的简称。中国实验快堆是中国第一座快堆，它的热功率为65兆瓦，电功率为20兆瓦。2000—2011年建设成功，并网发电。这是世界上为数不多的实验快堆。它采用了第4代核能系统的优选堆型，可将天然铀资源的利用率从1%提高到60%~70%，能更加充分地利用核燃料。快堆可利用压水堆产生的长寿命废弃物，使核能对环境更加友好。中国是继美国、英国、法国等国家之后第八个拥有快堆技术的国家。

2. "华龙1号"

1999年7月，中国核工业集团公司启动了百万千瓦级压水堆核电厂概念设计。历经十余年的艰辛，中国核工业集团公司研发出了具有完整自主知识产权的第 3 代压水堆核电品牌——ACP1000。ACP1000 的研发，实现了我国核电自主品牌的历史性突破。后来按照最新安全标准，借鉴日本福岛核事故的经验反馈，自主创新研发了第 3 代核电品牌 ACRP1000+。2013 年 4 月 25 日，在 ACPR1000+ 和 ACP1000 的基础上，中国广核集团和中国核工业集团公司一起联合开发"华龙 1 号"。"华龙 1 号"采用百万千瓦级压水堆核电技术，它的安全性和经济性满足第 3 代核电技术要求，设计技术、设备制造和运行维护技术等领域的核心技术具有自主知识产权，是目前国内可以自主出口的核电机型。它采用 177 个燃料组件的反应堆堆芯、多重冗余的安全系统、单堆布置、双层安全壳，设置了完善的严重事故预防和缓解措施。

2015 年 5 月 7 日，"华龙 1 号"首堆示范工程——中核集团福清核电站 5 号机组正式开工建设；2019 年 9 月 10 日，"华龙 1 号"全球首堆示范工程核燃料元件启运至福清核电站。"华龙 1 号"是推进实施"中国制造 2025"的标志性工程，也是中国实施"走出去"战略核电

福清核电站 5 号机组的核岛内部

主力机型。现在，中国核电已迈出国门，在巴基斯坦卡拉奇安装了"华龙1号"，并与阿根廷签署了建设两座核电站的合作协议，首次实现了中国百万千瓦级先进核电技术"走出去"的目标。2018年11月15日，"华龙1号"也已经出口到英国。中国实现了由核电大国向核电强国的转变。

3. 环流器

中国在可控核聚变研究领域也取得了成果，物理学工作者在磁约束和激光惯性约束的核聚变研究上都取得了很大的进展。可控核聚变的研究是核能深度开发的另外一个发展方向。在中国，可控核聚变的研究，已经在西南物理研究院和中国科学院合肥物理研究所同时进行了多年，也取得了一定的研究成果，其中"环流器1号"系列托卡马克装置是早期的成果之一。

中国环流器1号（HL-1）是我国自主设计研制的第一个大型托卡马克实验装置，是用于磁约束受控核聚变的基础研究。HL-1装置主机于1984年完成工程联合调试并开始物理实验，所产生的环流等离子体平衡、稳定，性能符合设计要求，等离子体的持续

上 中国环流器1号的主机
中 中国环流器2号
下 托卡马克核聚变实验装置

时间可达 1.04 秒。1994 年，HL-1 改造成中国环流器新 1 号（HL-1M），改用主动反馈控制，可以大大增加实验用的窗口，使之更灵活地开展各种物理研究，同时改进了加热和诊断系统。

HL-1 装置为中国受控核聚变的研究和发展提供了重要的实验平台，是中国受控聚变研究发展的一个里程碑。中国环流器 2 号（HL-2A）是我国第一个具有偏滤器位形的大型托卡马克装置，利用德国 ASDEX 装置主机 3 大部件改建而成，并于 2002 年获得初始等离子体。

在 HL-2A 装置的物理实验取得可观的研究成果，为聚变等离子体科学的发展做出了贡献，为中国参与 ITER（国际热核聚变实验堆）计划[1]提供了科学和技术基础。2009 年，实现中国第一次高约束模（H 模）放电。高约束模的实现是一个装置综合水平的重要标志。这项重大科研进展是中国磁约束聚变实验研究史上的又一里程碑。

位于合肥的等离子体物理研究所先后建成托卡马克装置 HT-6B 和 HT-6M，1991 年又从苏联引进大型托卡马克装置 F-7。1995 年，托卡马克装置 HT-6B 转让给伊朗德黑兰阿扎德大学。这些装置使中国成为世界上第四个拥有同类大型装置的国家。

[1] ITER 是国际热核聚变实验堆计划的简称。这是全球规模最大的国际科技合作项目之一，建造实验堆约需 10 年，耗资 50 亿美元。ITER 装置是一个能产生大规模核聚变反应的超导托卡马克，俗称"人造太阳"。2006 年 5 月，中国参加 ITER 计划。

位于安徽合肥的等离子体物理研究所主要从事高温等离子体物理、受控热核聚变技术的研究以及相关技术的开发研究工作，担负着国家核聚变大科学工程的建设和研究任务。1994年年底，等离子体物理研究所成功地建成我国第一台大型超导托卡马克装置HT-7，我国进入超导托卡马克研究阶段，引起了国际聚变界的广泛关注。"九五"国家重大科学工程——大型非圆截面全超导托卡马克核聚变实验装置EAST计划的实施，标志着我国进入国际大型聚变装置（近堆芯参数条件）的实验研究阶段，表明中国核聚变研究在国际上已占有重要地位。

托卡马克的等离子体电流是通过感应方式驱动的。"先进托卡马克"可利用非感应外部驱动和发生在等离子体内的自然的压强驱动电流实现运行，其相对小的尺寸使得可以设计更经济的电站。先进超导托卡马克还可以大大节省供电功率，长时间维持磁体工作，并且可以得到较强的磁场。在参加ITER之后，中国研制了世界上最大的超导体，自行研制了高温超导大电流引线。为了推动中国聚变工程实验堆（CFETR）项目，中国科技人员已经开展了工程设计和关键部件的研制工作。

2009年，世界上首个全超导非圆截面托卡马克核聚变实验装置（EAST）首轮物理放电实验取得成功，标志着我国站在了世界核聚变研究的前列。

2016年2月，中国EAST物理实验获重大突破，实现在国际上电子温度5×10^7℃持续时间最长的等离子体放电。2018年11月12日，EAST实现1×10^8℃等离子体运行等多项重大突破。

4. 神光装置

1964年，王淦昌了解到有关激光研究的进展后，提出了用高功率激光打靶实现惯性约束核聚变的设想。王淦昌的设想与苏联科学家巴索夫（1922—2001）的类似设想几乎是同时提出的。上海光机所1965年开始用高功率钕玻璃激光产生激光聚变的研究。1973年5月，上海光机所建成两台功率达到万兆瓦级的高功率钕玻璃行波放大激光系统，先后对固体氘和氘化锂进行了一系列打靶实验。这表明我国成功地实现了激光产生高温高密度的等离子体，是我国激光核聚变研究的一个里程碑，标志着我国在该领域的研究迈入世界先进国家的行列。

1980年，王淦昌提出建造脉冲功率为1012瓦固体激光装置的建议，称为激光12号实验装置。1985年7月，激光12号装置（后被命名为"神

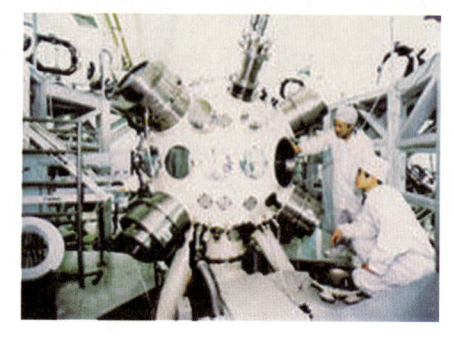

上 激光核聚变实验装置
中 神光Ⅰ装置
下 神光Ⅱ

光Ⅰ"）按时建成并投入试运行，达到了预期目标。该装置是中国规模最大的高功率钕玻璃激光装置，能产生 1017 瓦/厘米^2 的功率密度。将这样的光束聚焦在物质的表面，可产生千万摄氏度的高温，并由此产生强大的冲击波和反冲击压力。

"神光Ⅰ"的建成，标志着我国已成为国际高功率激光领域中具有综合研制能力的少数几个国家之一，是我国激光技术发展的一项重大成就。

1993 年，国家"863 计划"确立了惯性约束聚变主题，进一步推动了国家惯性约束聚变研究和高功率激光技术的发展。2001 年 8 月，"神光Ⅱ"装置建成，总输出能量达到 6000 焦耳/纳秒，总体性能达到国际同类装置的先进水平。2006 年，"神光Ⅱ"同步发射 8 束激光，在约 150 米的光程内逐级放大：每束激光的口径能从 5 毫米扩大为近 240 毫米，输出能量从每束几十微焦耳增至每束 750 焦耳。在激光靶区，强光束可在十亿分之一秒内辐照充满热核燃料气体的玻璃球壳，瞬间达到极高的密度和温度，从而引发热核聚变。"神光Ⅱ"在核心技术环节方面取得了实质性的突破，已达到国际同类技术的先进水平。

三、信息技术

中国科技人员在信息科学的研究上重点开展了集成电路器件与工艺、集成光电子器件与新型微纳米光电子器件、新的网络体系、软件工程、智能信息处理的科学基础等方面的基础研究。中国信息科学的整体研究水平显著提高，其中，量子信息和通信技术已经位居世界的前列，高性能计算、信息存贮、集成微机电系统等方面取得了一批原始创新成果。

1. 电子计算机

1979年，王选（1937—2006）主持研制成功汉字激光照排系统，在激光照排机上输出了一张八开报纸底片，并用激光照排机排出样书。1981年7月，他主持研制出中国计算机激光汉字照排系统，在汉字信息压缩技术方面居于领先地位，激光输出精度和软件的某些功能也达到了国际先进水平。20世纪90年代，王选带领北大科研人员对报业和印刷业实施技术革新，中国报纸的质量大大提高，由此引发了国内报业"告别纸和笔"的技术革新。因为文字处理技术上的成就，王选被誉为"当代中国印刷业革命的先行者"，被称为"汉字激光照排技术之父"。

我国第四代计算机研制与微机的发展相关，并出

告别纸和笔

现了"微机热"。1977年4月，国家重点发展DJS-050和DJS-060两大系列微机产品。1977年研制成功我国第一台微型计算机DJS-050机，以及采用中等规模集成电路的DJS-140系列计算机。

1978年3月，全国科学大会将计算机列为国家重点发展的八大带头学科之一。1982年，我国将计算机发展重点转到微型机上，重点研究与开发国际先进机型的兼容机、研制汉字信息处理系统和发展微机。这一年，采用中大规模集成电路的"DJS-153"小型计算机研制成功，"DJS-185"型机由上海电子计算机厂完成，同时华北计算技术研究所完成"DJS-186"型机。

对于巨型机，邓小平曾经有明确的指示，即"中国要搞四个现代化，不能没有巨型机"。国防科技大学承接了研制的任务，历时5年，1983年

左 银河Ⅰ

右 曙光1000

11月终于研制成功中国第一台每秒运算达1亿次以上的计算机——"银河Ⅰ",使中国跨进了研制巨型机先进技术的行列,标志着中国计算机技术发展到了一个新阶段。1992—2000年,国防科技大学又相继研制成功"银河Ⅱ"巨型机(运算速度达每秒10亿次)、"银河Ⅲ"(1997年、峰值速度为每秒130亿)和"银河Ⅳ"(运算速度每秒1万亿次),使中国跨入了世界计算机技术的先进行列。

1993年6月,北京市曙光计算机公司成立。它是以"863"计划的重大科研成果为基础组建的新式公司。1993年,曙光计算机公司研制成功"曙光1号"巨型机。1995年,曙光公司推出了国内第一台具有大规模并行处理机(MPP)结构的并行机"曙光1000",峰值速度每秒25亿次浮点运算。1997—1999年,曙光公司先后推出曙光1000A、曙光2000-Ⅰ和曙光2000-Ⅱ超级服务器,峰值计算速度已突破每秒1000亿次浮点运算。此后,曙光公司先后推出每秒3000亿次浮点运算的曙光3000超级服务器(2000年),每秒3万亿次数据处理的超级服务器曙光4000L(2003年)。2004年,在全球计算机500强名单中,"曙光4000A"排名第10,运算速度超过每秒8万亿次。曙光4000L在海量数据处理方面十分出色,在社会各行业

神威·太湖之光

中得到广泛的应用，为国民经济的发展做了贡献。2008年，由中科院计算技术研究所自主研发制造的百万亿次超级计算机"曙光5000"研制成功。这标志着中国成为继美国之后第二个能制造和应用超百万亿次商用高性能计算机的国家，也表明我国生产、应用、维护高性能计算机的能力达到世界先进水平。

2016年6月，在法兰克福世界超算大会上，国际TOP500组织发布的榜单显示，"神威·太湖之光"超级计算机系统登顶榜单之首，第二名为"天河2号"。到2017年，"神威·太湖之光"连续4次夺冠。

"神威·太湖之光"超级计算机安装了40960个中国自主研发的"神威26010"众核处理器，这样的处理器采用64位自主"神威"指令系统。它是一套非常宏大的计算机系统，是全球第一台运行速度超过10亿亿次/秒的超级计算机。"神威·太湖之光"是目前世界上持续计算能力最强的超级计算机之一。2016年11月18日，中国科技人员因"神威·太湖之光"的研究成果首次荣获戈登·贝尔奖[①]，实现了我国高性能计算应用成果在该

---

① 戈登·贝尔奖设立于1987年，由美国计算机协会于每年11月在美国召开的超算领域顶级会议上颁发，旨在奖励并行计算研究的成果，特别是高性能计算创新应用的杰出成就，被誉为"超级计算应用领域的诺贝尔奖"。

奖项上零的突破。2017 年 11 月 17 日，中国科技人员因"神威·太湖之光"的"非线性大地震模拟应用"，再次荣获戈登·贝尔奖。

2001 年，中科院计算所研制成功我国第一款通用 CPU，也就是"龙芯"芯片。2002 年，曙光公司推出完全自主知识产权的"龙腾"服务器。龙腾服务器采用了高性能通用 CPU——"龙芯 1 号"CPU。曙光公司和中科院计算所联合研发了服务器专用主板、曙光 LINUX 操作系统。该服务器是国内第一台完全实现自有产权的产品。龙芯的诞生，结束了中国近 20 年无"芯"的历史。2005 年，由中国科学院计算技术研究所研制的中国首个拥有自主知识产权的通用高性能 CPU"龙芯 2 号"研发成功。后来又研制成功"龙芯 2 号"增强型。2006 年 6 月，"龙芯 2E 号"授权国外的公司，使

"龙芯 1 号"处理器芯片

中国的"龙芯"走向世界。

2. 量子计算和量子通信

2005 年后，计算机的研制放缓，体积极小的集成电路

块体面临散热等问题的考验，特别是当集成电路的尺寸接近原子级别的时候，量子理论将起主导作用。所谓量子计算是利用量子相干叠加原理，可达到超快的并行计算和模拟能力，计算能力随可操纵的粒子数呈指数增长，可弥补经典计算机无法解决的大规模计算难题。并行计算让量子计算机可应用于药物筛选、星体运动规律、交通治理、气象预报、人工智能、太空探索等以及对大数据量展开搜索和对大数进行质因数分解，等等。

2017年5月3日，中国科学技术大学潘建伟在上海宣布，世界首台光量子计算机在我国诞生。这是历史上第一台超越早期经典计算机的基于单光子的量子模拟机。基于光子、超冷原子和超导线路体系的量子计算技术最有可能取得突破，我国在这3个方面均有一定的优势。在光量子计算机研究中，中国建造了世界上超越早期经典计算机的光量子计算原型机；在超导量子计算机研究中，实现了世界上纠缠数目最多的超导量子比特处理器。用量子计算机能轻易破译密码。如经典的RSA算法，若用400位的整数来制作一个RSA密钥，使用现有的经典计算机需要几十万年才能完成破译，但是量子计算机只要几个小时就能够破译。

2016年8月16日，"墨子号"科学实验量子卫星（简称为"墨子号"）在酒泉卫星发射中心用"长征2号丁"运载火箭成功发射升空。我国在世界上首次实现卫星和地面之间的量子通信，构建了天地一体化的量子保密通信与科学实验体系。这标志着

"墨子号"登上《科学》封面

我国空间科学研究又迈出重要一步。

"墨子号"卫星与地面量子接收站建立起通信联络线路。从"墨子号"轨道到地面1200千米的距离进行传输,星地量子密钥的传输效率比地面的光纤传输效率高出1亿亿倍。此外,利用"墨子号"卫星,还在中国和奥地利之间首次实现距离达7600千米的洲际量子密钥分发,并利用共享密钥实现加密数据传输和视频通信。这标志着"墨子号"已具备实现洲际量子保密通信的能力。

"墨子号"的主要特色,一是通信安全。基于量子不可分割、不可复制的两个基本特性,再加上超远距离的量子纠缠效应,可以实现绝对安全的保密通信。二是发射对准。首先要把卫星上的光轴和地面实验站的光轴对准,然后再从500千米的距离上把光子打下来。这相当于从万米高空向运动的存钱罐里投射一枚硬币。这个对准精度比普通卫星的对准精度高出了10倍。2017年9月29日,世界首条量子保密通信干线"京沪干线"与"墨子号"之间的"成功对接。这标志着我国构建出世界首个天地一体化广域量子通信网络雏形，向未来实现覆盖全球的量子保密通信网络迈出了坚实的一步。量子卫星的成功发射和在轨运行，有助于我国在量子通信技术实用化整体水平上保持和扩大国际领先地位，实现国家信息安全和信息技术水平跨越式提升，有望推动我国科学家在量子科学前沿领域取得重大突破，对推动我国空间科学卫星系列可持续发展具有重大意义。

3. 机器人

20 世纪 70 年代末至 80 年代初，中国科学家蒋新松主持并参

右 海人1号

左 "中国机器人之父"蒋新松

加了中国第一台机器人的控制系统总体和控制算法设计，着手筹建工业机器人产业。他还领导了装配型动态跟踪移动机器人系统、高压水切割机器人、核电站检查维修机器人等研制工作。1979年，蒋新松担任"海人1号"水下机器人的总设计师，并试航成功，可深潜199米。此外蒋新松还研发了深潜100米及300米两种轻型水下机器人，他主持的水下机器人"探索者1号"，于1994年在南海试验成功。中国与俄罗斯合作研制深潜6000米的无缆水下机器人CR-01，蒋新松参加了总体设计，1995年8月完成了太平洋深海试验。蒋新松还为建立中国水下机器人系列化产品的生产基地做出了重要贡献。

上左　沈阳鼓风机厂运用CIMS技术进行生产

上右　北京第一机床厂柔性制造系统车间

下左　"先行者"机器人

下右　国家CIMS实验室

蒋新松与专家委员会一起提出了CIMS（计算机集成制造系统）和智能机器人两个主题跟踪战略目标。CIMS实验工程及北京第一机床厂先后荣获1994年度美国制造工程师协会（SME）工厂自动化大学领先奖和1995年度应用工厂领先奖。

蒋新松是中国机器人事业的开拓者，在多种机器人的研究、开发、工程应用及产业化方面做出了开创性的贡献，被誉为"中国机器人之父"。

根据未来的发展和需求，我国建成了完整的机器人研发体系，并且开发出大批的工业机器人。2000年11月30日，我国独立研制的第一台具有人类的外观特征、可以模拟人的行走的类人型机器人——"先行者"，在长沙国防科技大学首次展示。这台机器人高约1.4米，体重20千克，已具备了一些语言功能，行走的频率为2步/秒。"先行者"步行的速度是比较快的，还具备了在行走时偏差小的性能，并且可以在不确定的环境中行走。它的机械结构、控制结构、协调运动的规划和控制方法等关键技术都取得了一定的突破。

四、新材料技术

今天，材料基础科学研究的重点在纳米材料科学、信息功能材料科学、超导材料科学、新能源材料科学和生物医学材料科学等方面。我国科学家开展了大量的卓有成效的研究工作，在微电子材料技术、光电子材料技术、功能陶瓷、纳米材料、生物医用材料等前沿技术领域，取得了一些原创性成果。在国际上，首次制备了新型深紫外非线性光学晶体材料 KBBF 和深紫外谐波全固态激光器，成功开发出了世界上最大功率的红绿蓝全固态激光器，巩固了我国在人工晶体和全固态激光器领域的国际领先地位。我国开发的具有自主知识产权的高活性超细纳米煤直接液化催化剂，关键技术工艺在世界上处于领先地位。

1. 纳米材料

纳米材料又被称为纳米级结构材料，是三维空间中至少有一维处于纳米尺度范围超精细颗粒材料的总称。《2013—2017 年中国纳米材料行业发展前景与投资预测分析报告》显示，"纳米复合聚氨酯合成革材料的功能化"和"纳米材料在真空绝热板材中的应用"的合作项目取得较大进展。纳米科技仍然是世界公认的前沿之一，中国纳米技术的研发工作进入了国际的主流方向，我国已经正式出台了 15 项纳米技术的标准。我国科学家在世界上首次直接发现纳米金属的"奇异"性能——超塑延展性，纳米铜在室温下竟然可以延伸 50 余倍，"第一次向人们展示了无空隙纳米材料是如何变形的"，被誉为纳米技术领域内的一个"突破"。聚氨酯合成革符合生态环保合成革战略升级方向，该产品的成功研发及进一步产业化可辐射带动 300 多家同行企业的产品升级换代。重点研究开发阻燃型高效真空绝热板及其在建筑外墙保温领域的应用研发和产业化，可进一步促进我国建筑节能环保技术水平的提升，带动纳米材料产业进入高速发展期。

中科院合肥物质科学研究院（固体物理所）的"安徽纳米材料及应用产业技术创新战略联盟"成立以来，在开展纳米材料及其应用产品产业化共性关键技术研究，推进联盟组织化、制度化、规范化运行，探索新型产学研结合机制，培育产业集群等方面开展了卓有成效的工作。

在国内，许多科研院所、高等院校也组织科研力量，开展纳米技术的研究工作。中国科学院物理研究所的科研人员制备出孔径约 20 纳米、长度约 100 微米的碳纳米管，并制备出纳米管阵列，其面积达 3 毫米 ×3 毫米，碳纳米管之间间距为 100 微米。清华大学的科研人员首次利用碳纳米管制备出直径 3～40 纳米、长度达微米量级的半导体氮化镓一维纳米棒。

总之，纳米技术成为各国科技界所关注的焦点，正如钱学森所预言的那样："纳米左右和纳米以下的结构将是下一阶段科技发展的特点，会是一次技术革命，从而将是 21 世纪的又一次产业革命。"

2. 非晶材料和纳米材料

非晶材料，也称非晶态材料，是运用高科技手段，将熔融态常规金属快速冷却凝固而生成的一种人造材料。由于内部原子排列结构异于常规材料，非晶材料具备超常的物理及化学特性。纳米晶材料是在非晶材料技术基础上，利用适当工艺和原料获得的 5 纳米至 10 纳米的、均匀分布的小晶粒，是一种真正的纳米材料。特殊的结构和晶体尺度导致这种材料在性能上发生了突变。将纳米晶材料做成块状体，可使它具备强度很高、耐磨性和耐腐蚀性很好的特性，可应用于航天器、卫星等方面。

中国研制出的具备特异磁感性能的非晶、纳米晶新材料，突破了连续稳定生产 22 微米超薄带状材料的关键技术，建成了年产 500 吨超薄带的生产线,还开发出了对于力、磁具有高灵敏度的非晶丝状材料。在家用电器、通信产品和汽车安全装置的应用上,这些新材料都有广阔的应用前景。

我国在相关纳米材料的产品体系、工艺设备及产业化能力方面跨入了世界先进行列。

五、生物技术

中国的生物学研究是有一定基础的。1951—1961年间,朱洗创建了激素诱发两栖类体外排卵的实验体系,以研究卵母细胞成熟、受精和人工单性生殖,发现输卵管的分泌物是蟾蜍卵球受精的决定性物质,提出两栖类"受精三元论",并且培育出世界上第一批"无外祖父的癞蛤蟆"。1955年,汤飞凡首次分离出沙眼衣原体,结束了半个多世纪有关沙眼病原的争论。他是迄今为止唯一发现重要的病原体并开辟了一个研究领域的中国微生物学家。20世纪70年代,中国科学家童第周与美国坦普恩大学的科学家牛满江合作,研究生物遗传的问题。他们分别把鲫鱼卵、鲤鱼卵和蝾螈卵注入金鱼卵之中,所产生的鱼被称为"童鱼"。

1. 参与国际人类基因组计划

人类基因组计划(human genome project,缩

写为HGP）是由美国科学家于1990年正式启动的一项有关人类基因科技的研究计划。后来，英国、法国、德国和日本也加入了这一计划。

1994年，中国HGP在吴旻、强伯勤、陈竺、杨焕明的倡导下启动，先后启动了"中华民族基因组中若干位点基因结构的研究"和"重大疾病相关基因的定位、克隆、结构和功能研究"。1998年又组建了中科院遗传研究所，并在北京成立了北方人类基因组中心。1999年7月，中国参加国际人类基因组的工作，完成人类3号染色体短臂上约3000万个碱基对的测序任务，该区域约占人类整个基因组的1%。中国是参加这项研究计划的唯一的发展中国家。此外，中国还参加了一些国际性的基因组研究计划，如"人类单倍体型图计划"和"千人基因组计划"等。2007年，中国科学家绘制完成了第一个中国人基因组图谱"炎黄1号"。今天，中国已经建立起比较完整的基因组研究体系，建立了多民族人群的DNA样品库。中国科技人员还克隆了遗传性高频耳聋的致病基因，在白血病和实体肿瘤相关的基因的结构研究中取得了一定的进展。

中国基因科学的发展使中国迈入世界生物科学的大国行列。

2. 植物基因测序和制药

在植物基因测序方面，我国科学家也做出了巨大的贡献。中国科学院基因组信息学中心、北京华大基因研究中心、中国科学院遗传与发育生物学研究所、中国杂交水稻研发中心等12个单位合作完成的《水稻（籼稻）基因组的工作框架序列图》被誉为基因研究领域中具有"最重要意义的里程碑性工作","永远改变了我们对植物学的研究",对"新世纪人类的健康与生存具有全球性的影响"。

在开发基因制药和诊疗方面,中国科技人员也取得了丰硕的研究成果。早在1988年,中国科技人员就研制成功了乙型肝炎基因工程疫苗,1992年又研制成功对治疗甲肝和丙肝有特殊疗效的合成人工干扰素等一批基因药物。中国已经有近20种基因工程药物与疫苗进入市场。恶性肿瘤和乙型肝炎等疾病对于人类的健康危害很大,现在科学家已可以利用基因工程技术生产药物和疫苗,防治疑难病症。干扰素是内源性药物,能治疗很多疑难病症,内源性药物的研发是医药发展的一个新方向。中国科学家研发的基因工程干扰素是世界上第一个采用中国健康人白细胞来源的干扰素基因克隆和表达的基因工程药物,是世界上公认的抗肝炎病毒最有效的药物,是"863计划"的一个实现产业化的药品,是卫生部批准的第一种基因工程药物,是中国首创的国家级一类药物。

3. 生殖技术和克隆技术

20世纪70年代,旭日干开始从事家畜生殖、生物工程及生物高技术的研究,1982—1984年赴日留学期间,旭日干在实验室中借助显微镜观察到山羊体外受精的全过程,在国际上首次成功地进行了山羊、绵羊的体外受精，培育出世界第一胎"试管山羊"。1989年，他在内蒙古自治区创建了内蒙古大学实验动物研究中心，在国内率先开展了以牛、羊体外受精技术为中心的家畜生殖生物学及生物技术的研究，于1989年培育出我国首胎首批试管绵羊和试管牛。

作为21世纪的尖端科学，中国一直致力于克隆技术的研究工作：

2000年5月，河北农业大学和山东农业科学院生物技术研究中心的科技人员成功克隆两只小白兔——"鲁星"和"鲁月"，表明中国已经成功地掌握了胚胎克隆技术。2000年6月，西北农林科技大学动物胚胎工程专家张涌培育成功世界首例成年体细胞克隆山羊"阳阳"。2002年5月，中国农业大学与北京基因达科技有限公司和河北芦台农场合作，通过体细胞克隆技术，成功克隆了优质黄牛——红系冀南牛。这头名为"波娃"的体细胞克隆黄牛部分技术指标达到国际水平。

左　旭日干

右　张涌

2002年10月，中国第一头利用玻璃化冷冻技术培育出的体细胞克隆牛在山东省梁山县诞生。这是中国首例利用玻璃化冷冻技术培育出的第一头体细胞克隆牛。在此之前，中国一直使用的是鲜胚移植技术，尚无利用冷冻技术克隆成功的先例。

2017年5月，比格犬"龙龙"在北京昌平科技园区出生。"龙龙"的诞生意味着我国成为继韩国之后，第二个独立掌握犬体细胞克隆技术的国家。2017年11月，中国科学院公布世界首只体细胞克隆猴"中中"诞生，10天后第二只克隆猴"华华"诞生。这是人类第一次实现非人灵长类哺乳动物体细胞克隆，标志着中国的克隆技术走在了世界的前列！

此外，在培养转基因鱼、转基因羊、转基因猪等方面，中国科学家在国际上也处于先进地位。

我国生物科学发展迅速，尤其是在蛋白质研究、克隆技术、神经科学、微生物学等方面取得了一批重要的成果：发现了人类4

比格犬「龙龙」

号染色体 4p15.1-4q12 区域存在鼻咽癌易感基因；完成了对"非典"冠状病毒的全基因组序列测定；完成了所承担的国际水稻基因组计划第 4 号染色体精确测序任务，使中国对国际水稻基因组计划测序工作的贡献率达到 10%；获得克隆大鼠、能精确控制大鼠卵细胞自发活化的专利技术；从分子水平发现细胞质影响克隆鱼发育的新证据；在认知科学研究方面提出了拓扑性质初期知觉理论，发现了支持该理论的磁共振成像生物学证据。

六、人工智能技术

中国人工智能的研究起步晚且发展道路曲折，改革开放以后才逐步走向正轨。近几年，中国的人工智能产业获得了快速发展，人工智能芯片研发后来居上。中国具备人工智能技术理想的试验场，在需求的刺激下，数据得以迅速反馈，云计算的迭代计算得以大展身手，智能支付、智慧医疗、智能驾驶、语音识别、人脸识别等领域的技术日新月异、进展神速。2017 年 3 月，"人工智能"首次被写入政府工作报告，7 月，国务院印发《新一代人工智能发展规划》，从国家层面对人工智能发展进行了统筹规划和顶层设计。与此同时，市场上人工智能领域融资迅速突破千亿大关，几十所高校成立了人工智能学院，一大批人工智能创业公司迅速涌现出来。2010—2014 年间，中国在人工智能方面的专利申请达到 8410 项，比 2005—2009 年增长了近 2 倍，论文总数稳居世界首位。

国内的人工智能产业发展中，自然语言处理领域的代表企业是科大讯飞。据了解，科大迅飞在语音合成、语音识别、口语评测、语言翻译、声纹识别、人脸识别、自然语言处理等智能语音与人工智能核心技术上已经达到了很高的水平。百度已形成较完整的人工智能技术布局；阿里巴巴凭借电商、支付和云服务资源优势与人工智能技术深度融合；腾讯凭借社交优势在人工智能领域布局覆盖医疗、零售、安防和金融等众多行业。此外，中国初创公司商汤、旷视、依图、云从等也在人工智能细分领域有所作为。

以机器学习和深度学习为代表的新一代人工智能技术主要体现在算法层面，我国初具市场规模的终端产品主要是智能音箱、智能机器人以及无人机。但是，我国人工智能产业的发展将迎来人工智能技术的加速发展，智能语音产业链逐渐成形，规模大幅提升。

位于浙江省舟山市嵊泗县杭州湾口外的洋山港，于2005年开港，分4期建设。1期至3期，需要人工驾驶集装箱卡车接下从岸桥上卸载的货物。而洋山港第4期开港后，完全实现自动化，不仅岸桥可以后台操作，而且直接由自动运行的AGV小车装载运输货物。洋山第4期工程总用地面积223万平方米，共建设7个集装箱泊位，集装箱码头岸线总长2350米，年通过能力为400万～630万标准箱。它以全球最大的规模和体量，成为自动化码头的"集大成者"，是中国自动化码头建设的一次重大跨越。相对于传统的集装箱码头，其最大的特点是实现了码头装卸、水平运输、堆场装卸环节的全过程智能化和无人化的操作，对降低码头运营成本、提高作业效率与安全性和环保性都具有重要意义。

上海振华重工首创自动化引导小车全换电技术，中国成为第3个掌握该技术的国家。洋山港第4期整体工作效率比之前提升30%，而人工却降低70%。

借举办第24届冬季奥林匹克运动会（简称为"北京冬奥会"）之机，依托京张高铁（全长174千米）的建设，我国进一步构建智能高铁技术标准体系，成为引领世界智能高铁应用的国家。京张高铁是我国智能高铁的示范工程，基于北斗卫星和 GIS（地理信息系统）技术，能够为建设、运营、调度和维护以及应急关注等全流程提供智能化服务。京张高铁站在中国铁路、装备制造和综合国力飞速发展的"肩膀"上，实现了中国高铁智能化建设的又一次飞跃。

七、海洋技术

1. 载人潜水器

深海载人潜水器已有 50 多年的历史，因为独特的高精度定点精细作业优势，且科学家可以亲临现场观察，深海载人潜水器在深海资源调查、深海环境研究甚至军事等领域已经得到广泛的应用。深海载人潜水器与各种深海装备的相互配合、联合作业，已经成为人类高效、全面认知海洋的综合技术手段。

"蛟龙号"载人潜水器是中国自行设计、自主集成研制的载人潜水器，也是"863 计划"中的一个重大研究专项。载人潜水器的发展水平，代表着一个国家海洋深度开发的能力。为了满足我国社会发展和经济发展的迫切需求，从 20 世纪 80 年代开始，我国就开始了载人潜水器的相关研究工作。

1986 年，我国第一艘载人潜水器——7103 救生艇的研制工作拉开了帷幕。7103 救生艇的长度为 15 米，重量达到了 35 吨，最大下潜深度设计为 600 米。1996 年，研究人员对该潜水器又进行了升级改装，新配备了四自由度动力定位系统和集中控制与显示系统。后来，根据军方打捞水雷的需求，研究人员又给 7103 救生

艇装备了我国自行研制的Ⅰ型载人潜水器和Ⅱ型载人潜水器，它们都发挥了很好的作用。

2009—2012年，"蛟龙号"接连取得1000米级、3000米级、5000米级和7000米级海试成功。2012年6月，在马里亚纳海沟开展的大深度海试中，"蛟龙号"成功下潜到最大深度7062米，创造了作业型深海载人潜水器新的世界纪录，打破了日本"深海6500号"保持了23年之久的记录。当"蛟龙号"下潜至7000米深度时，外壳每平方米面积将承受7000吨的压力。

2013—2017年间，"蛟龙号"的足迹遍及世界七大海区：南海、东太平洋多金属结核勘探区、西太平洋海山结壳勘探区、西南印度洋多金属硫化物勘探区、西北印度洋多金属硫化物调查区、西太平洋雅浦海沟区、西太平洋马里亚纳海沟区。"蛟龙号"作业的环境十分复杂，覆盖了海山、冷泉、

左 6000米无缆自治水下机器人

右 "蛟龙号"载人深潜器

热液、洋中脊、海沟、海盆等典型地形的海底区域。通过下潜活动，"蛟龙号"获得了海量高精度定位调查数据和高质量的珍贵地质与生物样品。截至2017年，大批科学家参与到了下潜活动之中，掀起了深海调查与深海研究的热潮。

此后，在第2台载人潜水器的研制过程中，科研人员努力打造中国智造为核心的自主创新能力，攻克以浮力材料、深海锂电池、机械手为代表的深海核心技术及关键部件研发难题，为我国载人潜水器后续的谱系化建设奠定了坚实的基础。第2台载人潜水器被命名为"深海勇士"号，于2017年6月完成了海试，49天里完成了28次下潜。

2016年，我国启动了全海深载人潜水器及其关键技

"深海勇士号"深海载人潜水器

术的研究，使"深海勇士"号潜水器可借助电力快速上浮和下潜，增加在深海作业的时间，"深海勇士"号还可从海底实时传输图像（数字信号）。此外，上海海洋大学深渊科学与技术工程中心于2015年研制的万米级无人深潜器"彩虹鱼"号完成南海4000米级海试。

2. 水下机器人

2012年10月，中国首款"功能模块"理念智能水下机器人问世。哈尔滨工程大学船舶工程学院的科技人员历时一年自主设计出国内首款"多功能智能水下机器人"，首次将"功能模块"理念应用于水下机器人领域。该款机器人可根据需要选择不同模块随时"换芯"，实现随时变身的目的，满足不同水下环境作业的需要。这项设计中应用的自主研发的永磁式平面磁传动推进器、永磁式平面磁传动机械手、改装水密接插件都是国内首创。

"海龙2号"是我国自主研制的水下机器人，属于ROV，即有缆水下机器人。"海龙2号"重3.45吨，能在3500米水深、海底高温和复杂地形的特殊环境下开展海洋调查和作业，是目前我国所有的ROV中下潜深度最大、功能最强的。除了下潜深度上的优势之外，"海龙2号"还在国际上首次采用了诸如虚拟控制系统和动力定位系统等自主研发的先进技术。

"海龙2号"装备有7个推进器，这些推进

海龙2号

器确保了"海龙2号"能够在水下轻松自如地前进后退、上下运动和进行侧移,可以在水下自由行走,进行位移勘探。"海龙2号"还配备了多台多功能摄像机和照相机,配备了照明灯和高亮度HID灯,使"海龙2号"拍摄的画面质量更好。2009年10月23日,"海龙2号"在太平洋赤道附近洋中脊扩张中心,对东太平洋海隆"鸟巢黑烟囱"区域进行考察,采集到了大约7千克"黑烟囱"[①]喷口的硫化物。这是我国大洋调查装备的首次现场成功使用,标志着我国成为国际上极少数能使用水下机器人开展洋中脊热液调查和取样的国家之一。

"海龙3号"是由中国大洋协会组织下、上海交通大学水下

[①]海底"黑烟囱"是指富含硫化物的高温热液活动区,因热液喷出时形似"黑烟"而得名。海底热液活动区被视为海洋科学近几十年来最为重要的科学发现之一。

工程研究所开发的勘查作业型无人缆控潜水器,也是中国"蛟龙探海"工程的重点装备,最大作业深度可达到6000米,具有海底自主巡线能力和重型设备作业能力,可以搭载多种调查设备和重型取样工具,功能强大。

我国水下机器人最具有代表性的就要属于"潜龙"系列了,它们都属于AUV,即无缆水下机器人。20世纪90年代,我国曾经与俄罗斯合作,开发了CR01和CR02两套AUV设备。2011年11月,受中国大洋协会的委托,中科院沈阳自动化所联合中科院声学所、哈尔滨工程大学正式启动了我国的6000米AUV项目,着手研制中国自己的深海无人无缆潜水器。2012年12月,"潜龙1号"研制成功,这是我国第一台自主研制的AUV。它是一个长4.6米、直径0.8米、重1500千克的回转体,最大工作水深可以达到6000米,巡航速度为2节,最大续航能力是24个小时,上面装配有浅地层剖面仪等探测设备。它可以用来开展海底微地形地貌精

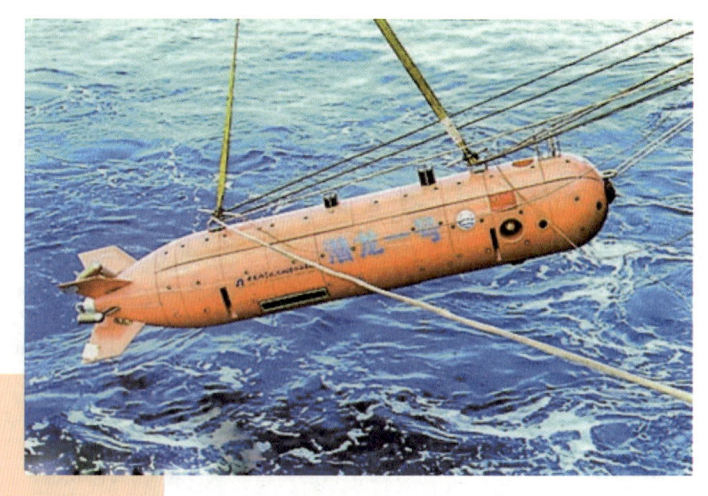

潜龙1号

细探测、底质判断、海底水文参数测量和海底多金属结核丰度测定等作业。

2013年10月,"潜龙1号"执行了首次应用任务,顺利下潜到了5080米的深度,在水下进行了8个多小时的作业,最后被成功回收。至此,"潜龙1号"创下了我国自主研制水下无人无缆机器人深海作业的新纪录。随后,"潜龙1号"又在中国大洋协会多金属结核勘探合同区内开展了相关的科学调查活动。

"潜龙2号"的全名是"潜龙2号自主水下机器人",是为了满足多金属硫化物矿区的勘探需求而研制的,在机动性、避碰能力、快速三维地形地貌成图、浮力材料国产化方面较"潜龙1号"都有着较大的提高。

2015年12月,"潜龙1号"和"潜龙2号"一起随着科考船"向阳红10号",开始了第一次实质性的远洋科考。2016年1月,"潜龙2号"入水之后开始了自由行动,并在水下作业9个多小时,完成了一系列的深海考察任务,取得了丰富的一手海洋数据资料。

2015年3月19日,中国自主建造的首艘深水多功能工程船——"海洋石油286"进行深水设备测试,首次用水下机器人将五星红旗插入近3000米水深的南海海底。

3. 海洋遥感

我国十分重视海洋遥感技术的发展,在海洋卫星研究方面有着自己的特色。"海洋一A号"卫星是中国第一颗用于海洋水色探测的试验型业务卫星。星上装载两台遥感器,一台是10波段的海洋水色扫描仪,另一台是4波段的CCD成像仪。该卫星于2002年5月29日按预定时间有效载荷开始进行对地观测。

"海洋一B号"卫星是中国第一颗海洋卫星（"海洋一A号"）的后续星，星上载有一台10波段的海洋水色扫描仪和一台4波段的海岸带成像仪。该卫星是在"海洋一A号"卫星基础上研制的，其观测能力和探测精度进一步增强和提高，主要用于探测叶绿素、悬浮泥沙、可溶有机物及海洋表面温度等要素和进行海岸带动态变化监测，为海洋经济发展和国防建设服务。2018年9月7日发射的"海洋一C号"卫星是我国民用空间基础设施"十二五"任务中4颗海洋业务卫星的首发星，开启了我国自然资源卫星陆海统筹发展的新时代。

　　我国"海洋一号"系列卫星已成为我国海洋事业发展的重要技术支撑，成为海洋立体监测体系、我国对地观测系统和国家空间基础设施的重要组成部分。

海洋一号D星

八、航天技术

人类探索太空的活动大致可分为两类：探索和了解外层空间活动，开发和利用外层空间资源的活动。太空，继大陆、海洋和天空之后，被人们称为"第四空间"。世界发达国家在太空科技领域的竞争是在20世纪50年代开始的。

1. "长征"系列

经过半个世纪的发展，中国"长征"系列运载火箭经历了由常温推进剂到低温推进剂、由末级一次启动到多次启动、从串联到并联、从一箭单星到一箭多星、从载物到载人的技术跨越，逐步发展成为由多种型号组成的大家族，具备进入低、中、高等多种轨道的能力，入轨精度达到了国际先进水平。

"长征"系列运载火箭共完成了4代运载火箭研制。

上 西昌卫星发射中心
中 长征一号
下 长征二号

第1代：长征一号（CZ-1）、长征二号（CZ-2）为第1代。第1代是从战略武器型号改进而来，采用模拟控制系统。

第2代：长征二号丙系列（CZ-2C系列）、长征二号丁（CZ-2D）、长征三号（CZ-3）、长征二号E（CZ-2E）为第2代。第2代仍然带有战略武器的痕迹，但采用了数字控制系统。

第3代：长征二号F（CZ-2F）、长征三号甲系列（CZ-3A系列）、长征四号系列（CZ-4系列）为第3代。第3代采用系统级冗余的数字控制系统，任务适应能力大大提高；简化了发射场测发流程，使用维护性能得到了提高。

第4代：长征五号系列（CZ-5系列）、长征六号系列（CZ-6系列）、长征七号系列（CZ-7系列）、长征八号系列（CZ-8系列）、长征九号（CZ-9）、长征十一号系列（CZ-11系列）等为第4代。第4代采用无毒无污染推进剂，环境友好；采用全箭统一总线技术和先进的电气设备，最大运载能力得到了大幅提升。

"长征"系列运载火箭的发展共经历了5个阶段。

第1阶段基于战略导弹技术起步，主要包括CZ-1、CZ-2。

第2阶段是按照运载火箭技术要求发展和研制的

上右　长征三号
上左　长征五号
下　长征七号首次发射

火箭，包括 CZ-3、CZ-3A 系列、CZ-4 系列。

第 3 阶段是为满足商业发射服务而研制的，典型代表是 CZ-2E。

第 4 阶段是为载人航天需要而研制的，如 CZ-2F 火箭。

第 5 阶段是为适应环保及快速反应需要研制的运载火箭，如 CZ-5 系列、CZ-6 系列、CZ-7 系列、CZ-8 系列、CZ-11 系列等。

我国运载火箭运载能力不断增强，发射密度不断提高，型谱不断壮大，技术实现更新换代。2019 年 3 月初，中国航天迎来一个重要节点："长征"系列运载火箭在西昌卫星发射中心完成第 300 次发射。

运载火箭是航天技术的核心基础，发射次数代表一个国家的航天规模与实力。在世界上，中国"长征"系列火箭发射次数位居第三，发射成功率属世界一流。

2006 年，国家正式批准立项研制"长征五号"之前，已经经历了长达 20 年的前期预研，此后，又经历了 10 年的研发过程。"长征五号"的核心技术具有完全自主知识产权。全箭采用了 247 项核心关键新技术，发动机采用液氧煤油或液氢液氧燃料，填补了中国大推力无毒无污染火箭发动机的空白，体现了绿色环保的理念。长征五号的起飞推力超过 1000 吨，起飞质量达 870 吨，地球同步转移轨道运载能力由 5.5 吨提升到近 15 吨，近地轨道运载能力提升到 25 吨，大大提升了把各种航天器送入太空的能力。

"长征五号"可以实现到更远的星球上巡视探测，也可以把人送上月球去进行科学研究，为我国新一代运载火箭的系列化、型谱化以及我国未来运载火箭技术的发展奠定了基础。"长征九号"的近地运载能力超过 100 吨，直径 9 米，480 吨液氧煤油发动机、220 吨液氢液氧发动机的关键技术都是一个突破，预计 2028 年在海南文昌卫星发射中心首次发射。

2. 各类卫星

在人造卫星方面，我国也取得了举世瞩目的成就。我国已经成功地发射了科学实验卫星、通信卫星和气象卫星三大系列的各种轨道卫星，而且掌握了卫星回收技术和地球同步卫星控制技术。

1984年4月8日，中国在刚刚建成的四川西昌卫星发射中心发射成功第一颗地球轨道同步卫星。同步卫星的发射成功标志着中国卫星技术的一次突破，也是中国航天事业的一个里程碑，为中国进入国际市场打下了基础。1990年4月7日，西昌卫星发射中心为外国发射成功第一颗卫星——"亚洲1号"卫星（美国休斯公司制造，亚洲卫星公司所有）。这标志着中国航天事业进入国际商业卫星发射市场。1995年，利用"长征号二E"火箭将"亚洲二号"和"艾克斯达一号"通信卫星送入预定轨道。"长征号二E"火箭正式登上国际商业发射的舞台。

2007年，基于"东方红四号"卫星平台研制的尼日利亚通信卫星一号成功发射并进入地球同步转移轨道，这是中国首次以火箭、卫星及发射支持的方式为国际用户提供商业卫星服务。该卫星进入预定工作轨道，最终定点于赤道上空，并于7月6日正式交付用户使用。尼日利亚通信卫星一号发射质量5068千克，整体性能达到国际同类通信卫星的先进水平，可为非洲提供通信业务。

2008年10月，"委内瑞拉一号通信卫星"由中国空间技术研究院研制并发射成功。这是中国首次向拉丁美洲用户提供卫星商业发射服务。委内瑞拉一号通信卫星采用"东方红四号"卫星平台，星上装有14路C波段转发器、12路Ku波段转发器、2路Ka波段转发器；载有四个通信天线，输出功率7.75千瓦。它可覆盖大部分南美地区及部分加勒比海地区。该星是委内瑞拉拥有的第一颗通信卫星，主要用于通信、广播、远程教育、远程医疗等，有助于委内瑞拉改善国家基础设施，造福边远地区民众，提高人民生活水平。

2004年4月19日，中国在西昌卫星发射中心用"长征2号丙"运载火箭成功地将中国第一颗传输型立体测绘小卫星——"试验卫星一号"和中国自主研制的第一颗纳型卫星——"纳星一号"科学实验小卫星送入太空，这标志着中国小卫星研制技术取得了重要突破。

2015年12月17日，我国在酒泉卫星发射中心用"长征二号丁"运载火箭成功将暗物质粒子探测卫星"悟空号"升至太阳同步轨道上。它具有能量分辨率高、测量能量范围大和本底抑制能力强等优势，将中国的暗物质探测提升至新的水平。截至2020年9月底，"悟空号"探测并处理了近87亿个高能粒子，取得国际上精度最高的电子宇宙射线探测结果，为暗物质研究提供了一些"关键性数据"。

地震预测是世界性难题，各国科学家尝试了各种方法。"张衡一号"卫星是我国首颗自主研发的电磁监测试验卫星。2018年2月2日，"张衡一号"发射，我国成为世界上拥有在轨运行多载荷、高精度地球物理场探测卫星的少数国家之一。

上　亚洲一号

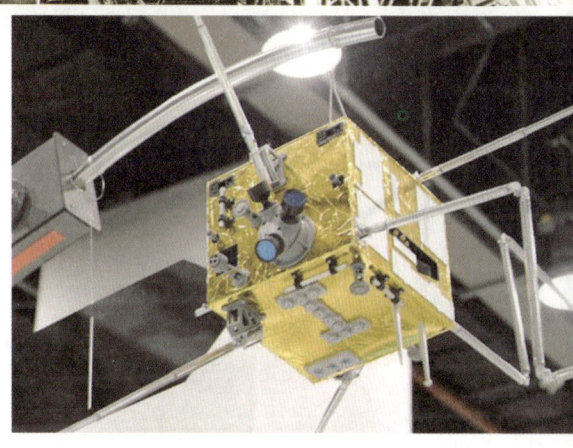

下　张衡一号

"张衡一号"搭载高精度磁强计、等离子体分析仪、高能粒子探测器等 8 种载荷,将开展全球 7 级以上、中国 6 级以上地震电磁信息分析研究。它将获取全球电磁场、电离层等离子体、高能粒子观测数据,对中国及周边区域开展电离层动态实时监测和地震前兆跟踪。从外形上看,"张衡一号"的外形较为独特,它采用了国内首次研制的具有超高收纳比的卷筒式伸缩机构,收拢时只有巴掌大小,展开后的长度可达到 5 米。

为了减小气象灾害影响,获取准确的气象信息,我国从 1977 年开始研制"风云"气象卫星。"风云"气象卫星主要分为两种类别(极轨气象卫星和地球静止轨道气象卫星)和 4 种型号("风云一号""风云二号""风云三号"和"风云四号")。

极轨卫星也叫太阳同步轨道卫星，位于650～1500千米的轨道上，绕着地球南极、北极飞行，每绕地球一圈就能完成一次全球观测，相当于"扫视"地球。"风云一号"和"风云三号"都属于极轨气象卫星。静止轨道卫星位于36 000千米地球同步轨道上空，其绕地球运转的周期与地球自转周期相同，相对地球是静止的，相当于在固定的位置"凝视"地球。"风云二号"和"风云四号"都属于静止轨道气象卫星。

通信、导航、遥感是人造卫星的三大主要应用方向。"高分"系列卫星就是遥感卫星，目标是使我国形成全天候、全天时、全球覆盖的陆地、大气、海洋观测能力。已经发射升空的有"高分一号""高分二号""高分三号"和"高分四号"。

3. 载人飞船和空间实验室

我国于1992年开始实施载人航天工程——"神舟工程"，包括七

风云一号

高分一号

大系统，即航天员、飞船应用、载人飞机、运载火箭、航天发射场、着陆场和航天测控与通信。全国3000多家单位、数以万计的工作人员先后参与研制、建设和实验。按照"三步走"（即"绕""落""回"）实施。第一步，发射载人飞船，建成试验性载人飞船工程，开展实验。第二步，突破航天员出舱活动的技术和空间飞行器交会的对接技术，发射空间实验室。第三步，建造空间站。经过近30年的发展，工程技术人员突破了一大批具有自主知识产权的核心技术。

神舟一号，1999年11月20日第一次测试飞行，实现了天地往返。

神舟二号，2001年1月9日第一艘正样无人飞船，主要目的是检验各技术方案的正确性与匹配性，取得与载人飞行有关的科学数据和实验数据。

神舟三号，2002年3月25日飞行试验的主要目的是考核火箭逃逸、控制系统冗余、飞船应急救生、自主应急返回、人工控制等功能，这次任务载有模拟航天员。

神舟四号，2002年12月29日无

上 神舟一号
中 测定神舟三号
下 神舟三号

人状态下的全面考核飞行试验,主要目的是确保航天员绝对安全,进一步完善和考核火箭、飞船、测控系统的可靠性。

神舟五号,2003年10月15日首次载人飞行成功,承载的航天员是杨利伟。中国成为继苏联(俄罗斯)和美国之后第三个有能力把人类送上太空的国家。

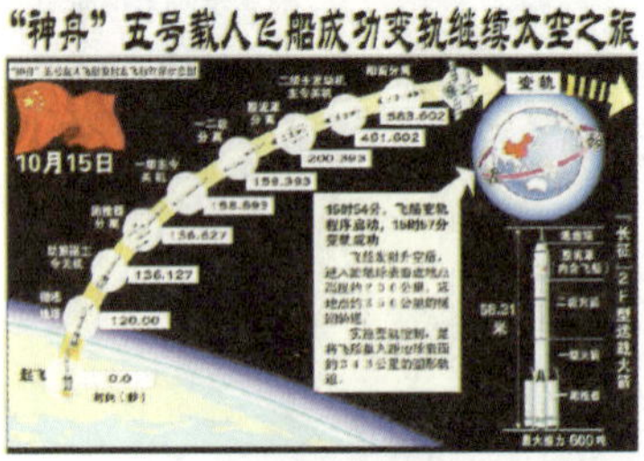

神舟五号实现载人飞行,与国外第3代飞船相比,中国的飞船内部空间比较大,自动化程度比较高。中国的飞船留轨能力强,在飞船无人时也能保证足够的能源,至少可以工作半年以上。神舟飞船的试验不用动物,利用"模拟人"来获得大量的数据。在多次的载人飞行试验中,中国人先后掌握了天地往返、空间出舱、交会对接、航天员中期留驻、推进剂在轨补充等关键技术。

神舟六号,2005年10月12日首次进行多人多天的航天飞行,承载的航天员是费俊龙和聂海胜。

神舟七号,2008年9月25日首次承载3名航天员进入太空,承

右二　神舟八号返回舱

右四　神舟九号与「天宫一号」对接一体

右一　神舟八号与「天宫一号」对接

右三　神舟九号航天员

左一　神舟五号升空

左二　神舟五号变轨

左三　神舟五号中的杨利伟

左四　神舟六号航天员

左五　神舟七号3名航天员

载的航天员是翟志刚、刘伯明和景海鹏，并实现景海鹏的出舱活动（又称"太空行走"），这使中国成为第3个进行出舱活动的国家。神舟六号和神舟七号都具有太空变轨的能力。

神舟八号，2011年11月1日由改进型"长征号二F"遥八火箭顺利发射升空。2011年11月3日凌晨，与组合"天宫一号"成功实施首次交会对接任务，成为中国空间实验室的一部分。

神舟九号，2012年6月16日下午3名航天员景海鹏、刘旺和刘洋（中国首位女航天员）进入太空，实施首次载人交会对接任务。6月18日，神舟九号成功与天宫一号目标飞行器实现自动交会对接。6月24日，航天员刘旺操作飞船顺利完成与"天宫一号"的手控交会对接，标志着中国完全掌握了载人交会对接技术。

神舟十号，2013年6月11日搭载3位航天员飞向太空，在轨飞行15天，并首次开展我国航天员太空授课活动。飞行乘组由聂海胜、张晓光和王亚平（女）组成，聂海胜担任指令长。

1992年，国家制定中国载人航天"三步走"战略。2008年，中国首次披露"天宫一号"发射计划。其模型在2009年春节晚会上亮相，此时，"天宫一号"初样产品的研制生产已基本完成，2011年9月29日使用"长征二号FT1"运载火箭发射升空。

神舟十号上讲陀螺

"天宫一号"是中国首个目标飞行器和空间实验室，可满足3名航天员在舱内工作和生活需要，设计寿命为2年。它于2018年4月2日再入大气层，坠入南太平洋中部区域。2011—2013年间，它相继与神舟八号、神舟九号、神舟十号飞船交会对接，在轨运行1630天，开展多项拓展技术试验。

4. 探月工程

经过10年的论证，中国的探月计划于2004年1月立项，并被称为"嫦娥工程"。这个工程主要集中在绕月探测、月球三维影像分析、月球有用元素和物质类型的全球含量与分布调查、月壤厚度探查以及地月空间环境探测等。

2007年10月24日，"嫦娥一号"探测器从西

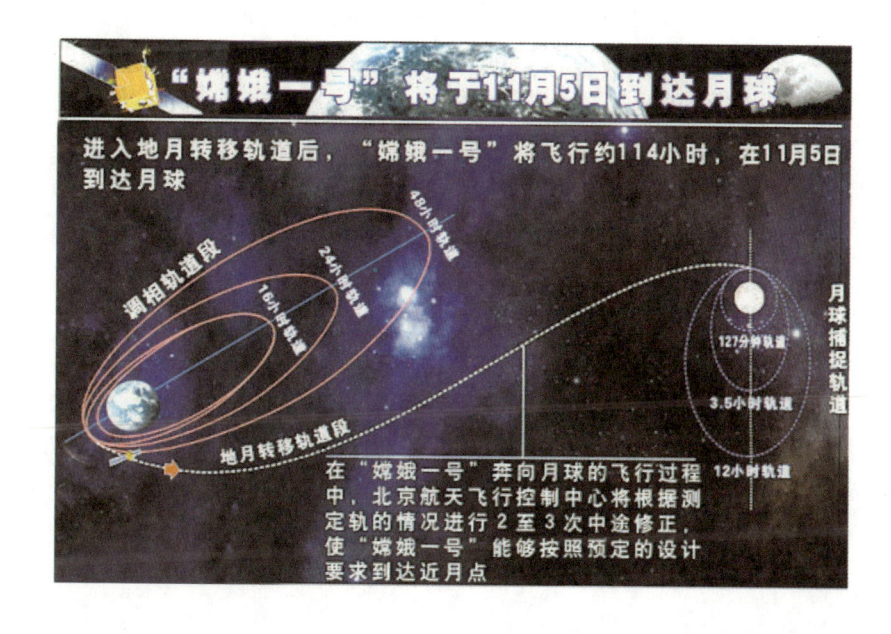

嫦娥一号变轨示意图

嫦娥一号撞击月球示意图

昌卫星发射中心由长征三号甲运载火箭成功发射。卫星发射后，用8天至9天时间完成调相轨道段、地月转移轨道段和环月轨道段飞行。经过1个月的时间，卫星开始传回探测数据。2007年11月26日，中国国家航天局正式公布"嫦娥一号"卫星传回的第一幅月面图像。2009年3月1日，"嫦娥一号"卫星在控制下成功撞击月球，标志着中国月球探测的一期工程完成。"嫦娥二号"是"嫦娥一号"卫星的姐妹星，于2010年10月1日在西昌卫星发射中心发射升空，并获得了圆满成功。

"嫦娥三号"探测器是嫦娥工程二期中的一个探测器，是中国第一个月球软着陆的无人登月探测器。"嫦娥三号"探测器由月球软着陆探测器（简称着陆器，着陆器上还携带了近紫外月基天文望远镜、极紫外相机、测距测速雷达和激光测距仪）和月面巡视探测器（简称巡视器，又称"玉兔号"月球车）组成。2013年12月2日，"嫦娥三号"在中国西昌卫星发射中心由"长征三号乙"运载火箭送入太空，当月14日成功软着陆于月球雨海西北部，15日完成着陆器巡视器分离，并陆续开展了"观天、看地、测月"的科学探测和其他预定任务。中国也成为世界上第三个有能力实施月球软着陆的国家。

"嫦娥三号"月球探测器创造了在月工作的最长纪录，所拍摄的月面照片是人类获得的最清晰的月面照片，这些照片和数据向全球免费开放共享。此外，"嫦娥三号"在人类登月历史上也创造了多个"首次"。例如：

首次在月面着陆时进行巡视探测任务。
首次实现中国航天器在地外天体上进行软着陆和巡视探测。

右　玉兔号在月面上活动
左　"嫦娥三号"携带的玉兔号（曾在珠海航展上展示）

首次研制出中国大型深空站,并初步建立了覆盖行星际的深空测控通信网。

首次实现对月面探测器的遥控操作。

首次对月面开展多种科学探测。

这些"首次"连带着多个技术突破,如采用气动减速的方法着陆,要研制出推力可调的 7500 牛变推力发动机;研制出全新的着陆缓冲系统,确保着陆时在一定姿态控制范围内不翻倒、不陷落;要能够应付月面极大的昼夜温度差(白昼 150℃,夜间 –180℃),首创热控两相流体回路和此前从未使用过的可变热导热管,等等。从科学研究上看,完成和取得了 4 项重要的成就,即首幅月球地质剖面图,首次天体普查,证明月球没有水,获得地球等离子体层图像等。

"嫦娥"工程的发展历程如下:"嫦娥一号"卫星完成"绕"的任务,"嫦娥二号"卫星作为"嫦娥三号"的先导,为"嫦娥三号"验证了部分关键技术,并对落月地区进行重点探测,而"嫦娥三号"则实现了"落"的目标。作为"嫦娥三号"的备份卫星,"嫦娥四号"在世界上首次实现在月球背面软着陆和巡视探测。此后,中国探月工程全面进入第三期,"嫦娥五号"实现无人自动采样并返回。

"嫦娥四号"的探测器由着陆器与巡视器组成,巡视器被命名为"玉兔二号"。作为世界首个在月球背面软着陆和巡视探测的航天器,其主要任务是着陆月球表面,继续更加全面地科学探测月球地质、资源等方面的信息,完善月球的档案资料。

2018 年 5 月 21 日,"嫦娥四号"的中继星"鹊桥号"成功发射,为"嫦娥四号"的着陆器和月球车提供地月中继通信支持。2018 年 12 月 8 日,"嫦娥四号"探测器在西昌卫星发射中心成功发射。2019年1月3日，"嫦娥四号"成功着陆在月球背面南极艾特肯盆地冯·卡门撞击坑的预选着陆区，月球车"玉兔二号"到达月面开始巡视探测。1月11日，"嫦娥四号"着陆器与"玉兔二号"巡视器完成两器互拍，达成工程既定目标。2020年4月16日和17日，"嫦娥四号"着陆器与"玉兔二号"巡视器受光照

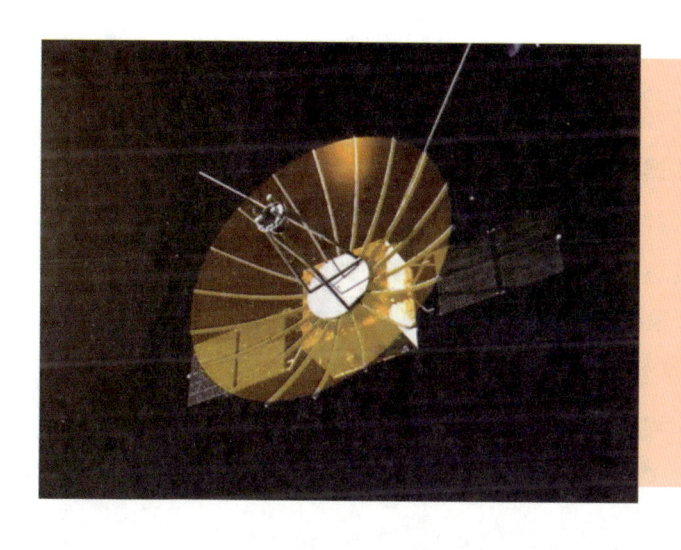

"嫦娥四号"的中继星"鹊桥号"

"玉兔二号"

自主唤醒（它们已经度过 470 地球日），接续探测的工作，标志着"嫦娥四号"任务圆满成功。

"嫦娥四号"着陆月球背面后所得的测量结果显示，着陆点存在来自月球地幔的物质。2019年5月16日，中国科学院国家天文台宣布，利用"嫦娥四号"探测数据，证明了月球背面南极艾特肯盆地存在以橄榄石和低钙辉石为主的深部物质。

"嫦娥五号"探测器全重 8.2 吨，由轨道器、返回器、着陆器、上升器 4 个部分组成，由我国目前推力最大的"长征五号"运载火箭从中国文昌航天发射场进行发射。"嫦娥五号"探测器是由中国空间技术研究院（中国航天科技集团五院）研制的中国首个实施无人月面取样返回的航天器，在探月工程三期中完成月面取样返回任务，是该工程中最关键的探测器，也是中国探月工程的收官之战。

2020 年 7 月 23 日 12 时 41 分，我国首次火星探测任务"天问一号"火星探测器在海南文昌航天发射场发射升空。

5. 北斗导航系统

北斗卫星导航系统（BDS）是中国自行研制的全球卫星导航系统，是继美国的 GPS（全球定位系统）、俄罗斯的 GLONASS（格洛纳斯）之后第三个成熟的卫星导航系统,是联合国卫星导航委员会已认定的供应商。2000年,首先建设北斗导航试验系统,我国成为继美国和俄罗斯之后世界上第三个拥有自主卫星导航系统的国家。该系统的主要功能是定位、通信和授时,已成功应用于测绘、电信、水利、渔业、交通运输、森林防火、减灾救灾和公共安全等诸多领域,产生显著的经济效益和社会效益,在2008年北京奥运会、四川汶川抗震救灾中都发挥了重要作用。

2012年12月27日,北斗系统的导航业务正式对亚太地区提供无源定位、导航和授时服务。2013年12月27日,正式发布了《北斗系统公开服务性能规范(1.0版)》和《北斗系统空间信号接口控制文件(2.0版)》两个系统文件。2014年11月23日,国际海事组织海上安全委员会审议通

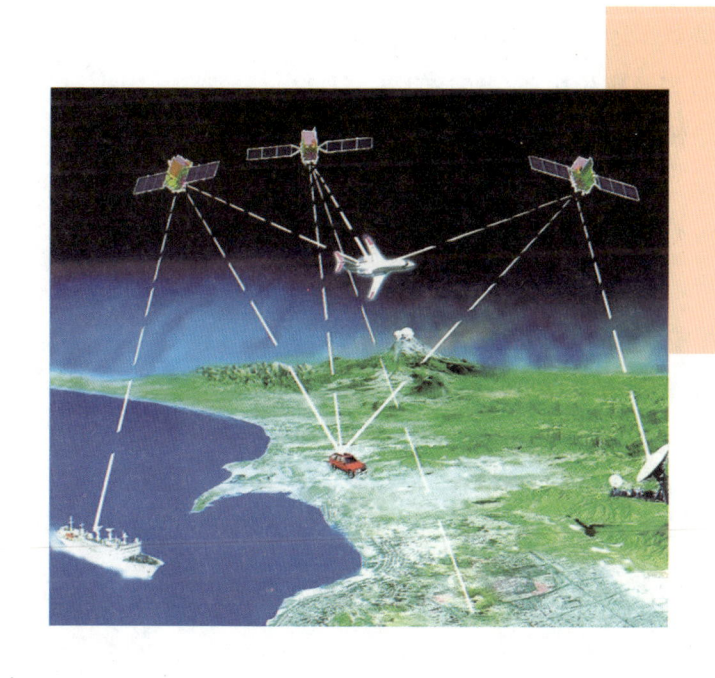

北斗卫星导航系统示意图

过了对北斗卫星导航系统认可的航行安全通函，这标志着北斗卫星导航系统正式成为全球无线电导航系统的组成部分，取得面向海事应用的国际合法地位。中国的卫星导航系统已获得国际海事组织的认可。

2017年11月5日，中国第3代导航卫星——北斗三号的首批组网卫星以"一箭双星"的发射方式顺利升空，标志着中国正式开始建造"北斗"全球卫星导航系统。2018年4月10日，中国北斗卫星导航系统首个海外中心——中阿北斗中心在位于突尼斯的阿拉伯信息通信技术组织总部举行揭牌仪式。

从2018年7月到2019年12月，中国在西昌卫星发射中心成功发射了第32～53颗北斗导航卫星。其中在2018年9月19日发射的第37颗和第38颗北斗导航卫星上首次装载了国际搜救组织标准设备，为全球用户提供遇险报警及定位服务。2018年12月27日，北斗三号基本系统完成建设，于当日开始提供全球服务。这标志着北斗系统服务范围由区域扩展为全球，北斗系统正式迈入全球时代。

2019年4月20日发射的第44颗北斗导航卫星是北斗三号系统的第20颗组网卫星，属于北斗三号系统首颗倾斜地球同步轨道卫星。2019年12月底，北斗三号完成所有中圆地球轨道卫星发射，标志着北斗全球系统核心星座部署完成。2020年，北斗全球系统全面建成，开始向全球提供定位、导航、授时、短报文等服务。

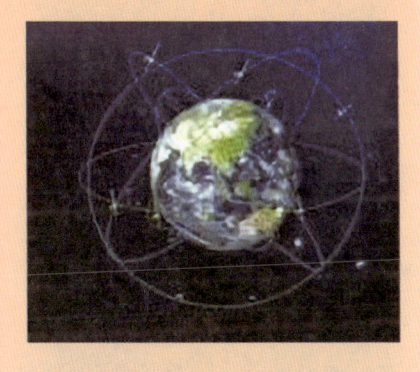

从总体上讲，中国还要大力开展理论创新、制度创新、科技创新的工作，要进行高技术人才引进和研发团队的建设，以形成有中国特色的创新体系。要不断研发出新的技术，以加强中国尖端技术的发展，提高核心竞争力。加强国防技术的研发，以满足自主研发现代化武器的需求，并提高其信息技术的水平，保障国家安全。

上 北斗一号系统
中 北斗二号系统
下 北斗三号系统

第十一章
科技战略与规划

　　1956年1月14日至20日,中共中央在北京召开知识分子问题会议。周恩来总理代表中共中央在会上做了《关于知识分子问题》的报告。在这个报告中,周恩来提出:"必须按照可能和需要,把世界科学的最先进的成就尽可能迅速地介绍到我国的科学部门、国防部门、生产部门和教育部门中来,把我国科学界所最短缺而又是国家建设所最急需的门类尽可能迅速地补足起来,使12年后,我国这些门类的科学和技术水平可以接近苏联和其他世界大国。"这一要求成为制订《1956—1967年科学技术发展远景规划纲要》的指导思想和全国科技工作者的奋斗目标。此后,在成功实施《十二年规划》之后,我国又相继制定了《1963—1972年科学技术发展规划纲要》《1978—1985年全国科学技术发展规划纲要》《1986—2000年全国科学技术发展规划轮廓设想纲要》《国家中长期科学技术发展纲领》以及《全国科技发展"九五"计划和到 2010 年远景目标纲要》。这些科技发展规划对我国科技改革与发展产生了积极的作用，对扭转我国科技落后的局面和赶上世界科技的先进水平具有重要的意义。

回顾中国科技的发展历程，从落后到追赶，再到局部的超越；从模仿到自主研发，再到某些领域的领跑；大型工程相继建成，大国重器频频面世。这些都充分地证明，中华民族在科技发展上有做出更大贡献的能力。国家要制定适宜的和可行的发展规划，要明确发展的目标。要有近期、中期和远期的目标，要选好战略突破口，抓住关键，搞好全面布局。特别是要注重有良好的经济效益和社会效益的新兴技术，对于重大工程要进行充分论证，如大型水电站、大型加速器等。对此，早在 1956 年 1 月，毛泽东在最高国务会议上指出："我国人民应该有远大的规划，要在几十年内努力改变我国在经济上和科学文化上的落后状况，迅速达到世界上的先进水平。"

参加全国十二年科学规划的全体工作人员合影（1956.1）

参与制订「十二年科学规划」的科学家

一、十二年科技规划

20世纪50年代中期，国家重视科学技术的发展，科技被提到优先发展的地位，并着手制定长期科学技术发展规划。中共中央在提出"向科学进军"的号召后，周恩来要求国家计委负责，会同有关部门，组织力量，制订出《1956—1967年科学技术发展远景规划》（简称《十二年规划》）。

1956年3月14日，国务院成立由陈毅副总理担任主任的科学规划委员会，领导科学规划的编制工作。诸多专家经过紧张的研究和反复研讨，于1956年12月由中共中央、国务院批准后执行。这次规划的成果集中体现在《1956—1967年科学技术发展远景规划纲要》和4个附件，即《国家重要科学任务说明书和中心问题说明书》《基础科学学科规划说明书》《任务和中心问题名称一览》《1956年紧急措施和1957年研究计划要点》。在这个国家层面发展科学技术的长期规划中，"对我国科学事业的发展画出了轮廓，并做出了初步的安排"。从经济建设、国防安全、基础科学出发，国家大体确定了13个方面，凝练出57项重要科学技术任务、616个中心问题，并提出12项带有关键意义的重大任务。另外，还特别提出4项"紧急措施"，集中力量发展电子技术、自动化技术、半导体技术、喷气技术和核技术。到1962年，《十二年规划》提出的任务已基本完成。

《十二年规划》旨在把世界上最先进的科学技术较快地介绍到中国来，以迅速地赶上世界先进国家的科技水平。就规划实行的情况看，在取得了研制原子弹和导弹的成功后不久，又研制成功氢弹，为远程火箭、人造地球卫星和核潜艇的研制奠定了一定的基础，并由此带动了电子计算机、自动化、电子学、半导体、新型材料和精密仪器等技术的建立和发展。在实施具体科研项目时，科研机构也从1956年的381个增加到1962年的1296个，专门从事研究的人员也从1958年的6万多人增加到1962年的近20万人，高级研究人员达到2800人。此外，这一规划的实施，也为中国建立基础科学技术体系发挥了一定的作用。

《十二年规划》成为当时我国向现代科学技术进军的行动指南，为了落实四项"紧急措施"，着手筹建电子学、计算机、半导体和自动化等方面的研究机构，同时还举办工程力学研究班、自动化进修班、计算技术训练班等，大量而快速地培养技术科学人才。许多高校还依据《十二年规划》设立相关的专业，建设新兴科学技术人才培养基地。可见，《十二年规划》的实施对我国科技事业的发展起到了显著的推动作用，一大批国家急需的新兴学科先后建立起来，填补了我国科学技术布局中的大片空白，发展了与原子能、导弹、无线电电子学、半导体、计算机、自动化等新技术紧密关联的技术科学，突破了一大批经济建设和国防建设迫切需要解决的重大技术问题，尤其是以"两弹"为代表的大科学工程的顺利突破，极大地提升了国防实力，也使我国科学技术整体水平实现了跨越式提升，并打下了自力更生发展现代科学技术的坚实基础。

1964年8月21日至31日，中国科协举办了北京科学讨论会，这是中华人民共和国成立后第一次举办大型多学科国际学术会议。会议讨论的主题为"有关争取和维护民族独立，发展民族经济和文化，改善和提高人民生活的科学问题"。参加这次讨论会的有来自亚洲、非洲、拉丁美洲、大洋洲的44个国家和地区的367名科学工作者，在理、工、农、医、政治、法律、经济、教育、语言文字与文学、哲学与历史等学科委员会中宣读了200多篇科学论文，展示了与会者的科研成果。媒体对大会进行了相关报道，仅《人民日报》就发出100多篇。各国科技工作者广泛地讨论了自然科学和社会科学各领域中的问题，并通过了大会公报。大会期间，毛泽东、刘少奇、朱德、周恩来、邓小平等党和国家领导人接见了会议代表。

二、十年规划、八年规划和十五年科学规划

1960年冬，面对国家出现的经济困难，中央提出"调整、巩固、充实、提高"八字方针，对国民经济的工作进行调整。对于科技的发展，经中共中央批准，决定在《十二年规划》执行的基础上，制定《1963—1972年十年科学技术规划》（简称《十年规划》）。规划由国家科委组织制订，先后有几百名专家参与了规划的研究制订工作。规划经中共中央和国务院批准，由国家科委下达，并会同各部委组织实施。这个规划包括6个部分，即重点项目规划、科技事业发展规划、工农业科学技术发展

北京科学讨论会开幕

事业规划、技术科学规划、基础科学规划，共374个重点研究项目。后来，因为"文革"的历史原因，该规划的大部分内容都未能落实。

1977年8月，在科学和教育工作座谈会上，邓小平指出，我国要赶上世界先进水平，须从科学和教育着手。对知识分子，除了精神鼓励，还要改善他们的物质待遇。强调从1977年起恢复从高中毕业生中直接招考学生，不要再搞群众推荐。关于学风问题，要坚持百家争鸣的方针，允许争论。科学和教育目前的状况不行，需要有一个机构，统一规划，统一协调，统一安排，统一指导协作。1977年12月，在北京召开全国科学技术规划会议，动员了1000多名专家、学者参加规划的研究制定。1978年3月，在全国科学大会上审议通过了《1978—1985年全国科学技术发展规划纲要（草案）》。同年10月，中共中央正式批准《1978—1985年全国科学技术发展规划纲要》（简称《八年规划》）。

《八年规划》提出了"全面安排，突出重点"的方针，提出了108个重点项目和农业、能源、材料、电子计算机、激光、空间技术、高能物理和遗传工程等8个重点发展领域。同时，还制订了《科学技术研究主要任务》《基础科学规划》和《技术科学规划》。规划实施期间，邓小平提出了"科学技术是生产力"以及"四个现代化，关键是科学技术现代化"的战略思想，为发展国民经济和科学技术的基本方针和政策奠定了思想理论基础。1982年，规划的主要内容调整为38个攻关项目，以"六五"国家科技攻关计划的形式实施，这是我国第一个国家科技计划。

1981年4月，中共中央和国务院责成国家科委会同有关部门准备起草科技发展规划。1982年年底，国务院批准了国家计委和国家科委《关于编制十五年（1986 – 2000年）科技发展规划的报告》，由国务院科技领导小组统一领导科技长期规划的制定、重大技术政策的研究等工作。根据国务院的统一部署，国家科委、国家计委和国家经贸委联合组织了全国性的技术政策的论证工作，并邀请了联邦德国、日本、欧共体和美国等国的知名人士和工程技术专家座谈，以了解国际发展趋势和一些国家的经验教训。

《1986—2000年全国科学技术发展规划纲要》（简称《十五年科学规划》）包括科技发展任务和科技发展政策两部分，按27个行业提出500多个科技项目，确定优先发展6个新兴技术领域。

三、科学大会与科教兴国战略和创新型国家建设

1978年3月18日，中共中央在北京人民大会堂召开全国科学大会，在有6000人参加的开幕会上，中共中央副主席、国务院副总理邓小平发表重要讲话。邓小平指出，"四个现代化"的关键是科学技术的现代化，并着重阐述了"科学技术是生产力"这个马克思主义观点，这个著名的论断对国家长远发展具有十分重要的意义，也成为改革开放以来一以贯之的基本思想。1988年，邓小平重申并进一步提出"科学技术是第一生产力"，指明科学技术在发展生产力中处于第一重要、具有决定性意义的地位。

在邓小平理论的指导下，国家提出了一系列的科技新政策。20世纪80年代中期，国家设立了自然科学基金，为科学研究提供可靠和稳定的经费支持。此外，20世纪80年代以来，国家结合具体的国情，有针对性地组织了不同层次的科技活动，具有典型意义的是十大科技计划：基础研究计划、科技攻关计划、星火计划、高技术研究发展计划（又称"863"计划）、丰收计划、火炬计划、燎原计划、国家科技成果重点推广计划、攀登计划和百人计划。到90年代，中国在社会主义经济不断发展的同时，适时提出了"科

教兴国"战略，把科技和教育看成是国家能够持久发展的主要手段和基础。为此，国家又提出了一些科学计划，例如社会发展科技计划、国家技术创新计划、国家重点基础研究发展计划（即"973"计划）、科技型中小企业技术创新计划、中央级科研院所科技基础性专项、科技兴贸行动计划、国家大学科技园、科研院所社会公益研究专项、三峡移民科技开发专项、西部开发专项行动，等等。

1995年5月26日至30日，中共中央、国务院在北京召开全国科学技术大会。国家主席江泽民发表重要讲话。他指出，要以邓小平"科技是第一生产力"的理论为指导思想，投身于实施科教兴国战略的伟大事业，确立科技和教育是兴国的手段和基础的方针，加速全社会的科技进步，为胜利实现我国现代化建设的第二步和第三步战略目标而努力奋斗。会议要求：各级党委和政府要认真贯彻《中共中央、国务院关于加速科学技术进步的决定》和《中共中央、国务院关于加强科学技术普及工作的若干意见》，实施好《中国教育改革和发展纲要》，结合各地、各部门的实际，真正把实施科教兴国战略落到实处。

改革开放以来，中国经济增长速度举世瞩目，从1995年到21世纪中叶，是实现中国现代化建设三步走战略目标的关键历史时期。实现国民经济持续、快速、健康发展，必须依靠科技进步，以解决好产业结构不合理、技术水平落后、劳动生产率低、经济增长质量不高等问题，科技和教育能够为经济和社会的发展提供知识、技术、人才，进而提供效益，从而加速国民经济增长从外延型向效益型的战略转变。为此，中国于1995年宣布，决定实施科教兴国的战略。而为了实施"科教兴国"战略，既要充分发挥科技和教育在兴国中的作用，尽快地建立起高科技企业，同时又要努力培植科技和教育这个兴国的基础。要提高国民素质，加强基础教育，注重人才的培养，重视创造性的科研工作。科技和教育具有双重的功能，既能为当前社会经济的发展提供各种手段，又为持续的、长远的发展提供必要的基础。

1997年3月，中国政府采纳科学家的建议，决定制订国家重点基础研究发展规划，开展面向国家重大需求的重点基础研究。这是中国加强基础研究、提升自主创新能力的重大战略举措。国家重点基础研究发展计划（973计划，含"重大科学研究计划"）的实施，实现了国家需求导向的基础研究的部署，建立了自由探索和国家需求导向"双力驱动"的基础研究资助体系，完善了基础研究布局。坚持"面向战略需求，聚焦科学目标，造就将帅人才，攀登科学高峰，实现重点突破，服务长远发展"的指导思想，围绕农业、能源、信息、资源环境、人口与健康、材料、综合交叉与重要科学前沿等领域进行战略部署。2006年又落实《国家中长期科学和技术发展规划纲要》的部署，启动了蛋白质研究、量子调控研究、纳米研究、发育与生殖研究四个重大科学研究计划，共立项384项。

"973计划"旨在解决国家战略需求中的重大科学问题，以及对人类认识世界将会起到重要作用的科学前沿问题，提升我国基础研究自主创新能力，为国民经济和社会可持续发展提供科学基础，为未来高新技术的形成提供源头创新。在组织实施"973计划"的十年间，中国SCI论文数量已跃升为世界第二，主要学科世界综合排名整体呈现快速提升趋势，中国科学家在国际上的学术地位和学术影响显著提高。

1999年8月23日至26日，中共中央、国务院在北京召开全国技术创新大会，这次大会的主要任务是：部署贯彻落实《中共中央、国务院关于加强技术创新，发展高新技术，实现产业化的决定》，进一步实施科教兴国战略，建设国家知识创新体系，加速科技成果向现实生产力转化，提高我国经济的整体素质和综合国力，保证社会主义现代化建设第三步战略目标的顺利实现。

2006年1月9日至11日，中共中央、国务院在北京隆重召开了全国科学技术大会，这是党中央、国务院在新世纪召开的第一次全国科技大会，是全面贯彻落实科学发展观，部署实施《国家中长期科学和技术发展规划纲要（2006–2020年）》，加强自主创新、建设创新型国家的动员大会。大会的主要任务是：分析形势，统一思想，总结经验，明确任务，动员全党全社会坚持走中国特色自主创新道路，为建设创新型国家而努力奋斗。

国家主席胡锦涛在全国科技大会上宣布中国未来15年科技发展的目标：2020年建成创新型国家，使科技发展成为经济社会发展的有力支撑。中国科技创新的基本指标是，到2020年，经济增长的科技进步贡献率要从39%提高到60%以上，全社会的研发投入占GDP的比重要从1.35%提高到2.5%。创新型国家是指那些将科技创新作为基本战略，大幅度提高科技创新能力，形成日益强大竞争优势的国家。创新型国家是以技术创新为经济社会发展核心驱动力的国家。主要表现为：整个社会对创新活动的投入较高，重要产业的国际技术竞争力较强，投入产出的绩效较高，科技进步和技术创新在产业发展和国家的财富增长中起重要作用。为加快推进创新型国家建设，全面落实《国家中长期科学和技术发展规划纲要（2006—2020年）》，充分发挥科技对经济社会发展的支撑引领作用，中共中央、国务院印发《关于深化科技体制改革加快国家创新体系建设的意见》。这是指导我国科技改革发展和创新型国家建设的又一个纲领性文件，标志着我国建设创新型国家的进程进入一个新的历史时期。

2012年7月6日至7日，中共中央、国务院在北京举行了全国科技创新大会，全国科技创新大会是党中央、国务院在深化改革开放、加快转变经济发展方式、全面建设小康社会的关键时期召开的重要会议，是一次深化科技体制改革的动员大会。大会深刻分析了我国科技工作面临的新形势、新任务，就贯彻落实党中央和国务院《关于深化科技体制改革　加快国家创新体系建设的意见》做出全面部署，对于加快国家创新体系和创新型国家建设、推动科技事业又好又快发展具有重大指导意义。

2014年2月20日，科技部再次重申，"973计划"是以国家重大需求为导向，对我国未来发展和科学技术进步具有战略性、前瞻性、全局性和带动性的基础研究发展计划。重点支持农业科学等9个面向国家重大战略需求领域的基础研究，同时，围绕纳米研究等6个方向实施重大科学研究计划。"973计划"围绕经济社会发展解决了一批重大科学问题，尤其是在重大疾病防治及创新药物发现、矿产资源勘探开发、节能减排、气候变化预测等重点战略需求领域取得一批创新成果，为经济社会可持续发展做出了重要贡献。

2016年5月30日，中共中央、国务院在北京举行了全国科技创新大会。习近平总书记做了题为《为建设世界科技强国而奋斗》的重要讲话。2017年10月18日，习近平总书记在十九大报告中指出，加快建设创新型国家，要瞄准世界科技前沿，强化基础研究，实现前瞻性基础研究，引领原创性成果重大突破。

时代在发展，社会在进步，中华民族既面临机遇，也面临挑战。中华民族的伟大复兴，科技振兴是关键，未来的发展仍然离不开科学技术。每一次社会的跨越式进步都会伴随着科学技术的跨越式发展，科技的进步带动了生产力的提升，进而推动社会的不断发展和前进。中国科技的发展，将为实现中华民族的伟大复兴助力。

第十二章
结语——自主创新，振兴科技

20世纪中叶，更准确地说，在第二次世界大战之后，科技发展迅速。从中国的情况看，核科技、计算机和半导体、人造卫星等曾是中国重点发展的项目，对中国科技整体水平的提升和社会经济的发展发挥了重要作用。中国唯一的道路就是独立自主地且有重点地发展科技，以实现中国更大的发展。

一、坚持可持续发展的道路

从社会主义建设的发展历程看，中国的科技事业已获得了长足的进步，而工业化的进程最为明显，已建立起完整的工业体系，装备制造业的壮大几乎成为中国核心竞争力的代表。以中国信息产业的发展为例，已开发出一些被普遍运用的新技术，如金融业的信息技术（如支付手段的电子化与数字化）和身份识别（提高信息安全）的技术等，还有像短信、飞信、电子邮件、QQ、微博、微信等一系列与人际交往相关的技术形式。

在现代社会的发展中，能源是重要的基础，并且是关系到环境的质量能否得到改善。如果从"绿色社会"和可持续发展的角度看能源技术的发展，为降低碳排放，必须减少化石燃料的用量，能源消耗要实现效率革命，把节能作为"第一能源"，把可再生能源作为供应主体，以使各种污染物的排放大幅削减，实现经济、社会和环境的共赢。以今天的技术水平看，建设新型城市还要采用智能电网和分布式能源体系，促进智慧城市、物联网和云计算的发展，提高宜居程度。实现绿色低碳，建成环境友好型社会和资源节约型社会，要把科技、经济和社会协调起来，要以经济作为科技发展的基础，需要大量的投入。

进入 21 世纪，中国科技的发展已有了一个良好的开端，但中国科技的核心竞争力仍须提升。例如，今天的农业已成为知识和技术密集型的产业，农业科技也是中国重点发展的一个技术群，农业向工厂化、高度机械化和自动化的方向发展。随着生物技术的发展，生物工程技术被逐渐推广，这也使传统农业发生了质的变化，不断催生出农业的新样式。这些新技术的应用和互联网技术的渗入也提升了原有的对农业现代化的认识，使部分农业走向集约化，向订单农业的方向发展，也使国家粮食安全和民众食品卫生更加受到关注和重视。

二、坚持自主科技创新的道路

20世纪80年代至90年代，国家制定了科教兴国战略，制定了中国科技发展近期和远期目标，从所产生的积极影响看，今天，科技创新的整体实力显著提升了。

以2017年的数据为例，中国全社会研发经费支出17 500亿元，位居世界第二；研发经费投入强度（R&D/GDP）达到2.12%，超过欧盟15国2.05%的平均水平；企业投入占比达到77.5%，对全社会研发经费支出增长的贡献达到83.8%。中国每年在国际上发表的科学论文，其数量已连续8年稳居世界第二，被引用次数上升到世界第一，被引用的论文数量位居世界第三。因此，科技进步对经济增长的贡献率已由2012年的52.2%增加到2017年的57.5%。而随着教育事业的不断发展，中国研发人员总数和理工科大学毕业生数量均成为世界第一。

当然，科学技术是不断发展的，还远没有使人类变成无所不知，仍在不断把未知变为已知。从世界的范围看，为了强化竞争力，关键是培养人才，要在智力开发上下功夫。要办好教育，以培养出高素质的人才。还有，要引进人才。从新中国初期回国的科技人员的代表，钱三强（1948）、李四光（1950）、华罗庚（1950）、赵忠尧（1950）、黄昆（1951）和钱学森（1955）的身上可以看出，这些科学家具有炽热的爱国情怀，积极响应国家的迫切需求，得到社会的承认。改革开放以来，中国更加重视人才引进工作，以充实中国的教育与研究机构。此外，还要重视科学普及的工作，提高国民的科学素质。

在迎来中国共产党百年诞辰之时，中国社会面貌已大为改观，但仍面临巨大的挑战，中国的发展必须从原来的大力投入的资金驱动方式提升到借助科技的创新驱动方式。在强调自主研发的同时，也要适当引进先进科技，技术引进+自主研发是一条现实的科学技术的发展途径。在具体的消化和吸收过程中，要结合中国自身的情况自主研发出适应中国现状的技术；要处理好引进、消化和自主创新这三者的关系，处理好与新兴技术相关的新兴产业与传统产业的关系。

在高科技发展的大势中，到2017年，整个中关村的高新技术企业总收入已达到5万亿元，实现利润4670亿元；高新技术企业有2万家，体现创新能力和高增长潜力的"独角兽"企业70家，占据了全国一半、全世界的近1/4。我国的科技发展需要高质量的人才为科技产业的发展助力，为提高产业的技术水平助力。中国要逐渐建成具有中国特色的科技发展体系。为了加强开展自主创新活动，要保护好包含各种专利技术在内的知识产权，以发挥出发明家更大的积极性，并利于他们行使各种权利。

附录：我国的重大科技奖项

1955年，中华人民共和国国务院发布了《中国科学院科学奖金的暂行条例》，条例规定，一等奖奖金为1万元人民币。

1957年1月，中国科学院科学奖金进行了首次评审，有34项成果获1956年度奖。

1958年，中华人民共和国国务院批准成立了国家科学技术奖励工作办公室，标志着中国科技奖励体系基本形成。

1963年11月，中华人民共和国国务院发布了《发明奖励条例》和《技术改进条例》。

1966年5月，批准了发明奖励297项，其中包括"原子弹""氢弹""人工合成牛胰岛素"等重要成果。由于"左倾"思想的影响，当时仅对获奖者颁发发明证书，未颁发奖章和奖金。

1978年，党中央召开了全国科学大会，会上奖励了7657项科技成果，标志着科技奖励制度的恢复。

1999年5月23日，朱镕基总理签署中华人民共和国国务院第265号令，发布实施了《国家科学技术奖励条例》(简称为《条例》)。改革后，国家科学技术奖励制度更加完善，形成了国家最高科学技术奖、国家自然科学奖、国家技术发明奖、国家科学技术进步奖和国际科学技术合作奖五大奖项。

2000年，国家最高科学技术奖正式设立。在《条例》颁布之后，获得最高科学技术奖的科学家已有33位。奖金额度已由开始的每人500万元，提到800万元，而且奖金全部由个人支配。

（1）国家最高科学技术奖于2000年由中华人民共和国国务院设立，由国家科学技术奖励委员会负责，是中国五个国家科学技术奖中最高等级的奖项，授予在当代科学技术前沿取得重大突破或者在科学技术发展中有卓越建树的，在科学技术创新、科学技术成果转化和高技术产业化中创造巨大经济效益或者社会效益的科学技术工作者。

该奖每年评审一次，每次授予不超过两名，由国家主席亲自签署、颁发荣誉证书、奖章和奖金。

（2）中华人民共和国国家自然科学奖授予在数学、物理学、化学、天文学、地球科学、生命科学等基础研究和信息、材料、工程技术等领域的应用基础研究中，阐明自然现象、特征和规律，做出重大科学发现的中国公民，不授予组织。

（3）国家技术发明奖授予运用科学技术知识做出产品、工艺、材料及其系统等重大技术发明的中国公民。产品包括各种仪器、设备、器械、工具、零部件以及生物新品种等；工艺包括工业、农业、医疗卫生和国家安全等领域的各种技术方法；材料包括用各种技术方法获得的新物质等；系统是指产品、工艺和材料的技术综合。

（4）国家科学技术进步奖授予在技术研究、技术开发、技术创新、推广应用先进科学技术成果、促进高新技术产业化，以及完成重大科学技术工程、计划等过程中做出创造性贡献的中国公民和组织。

（5）中华人民共和国国际科学技术合作奖（简称：国际科技合作奖）是中华人民共和国国务院于1994年设立的国家级科技奖励，授予在双边或者多边国际科技合作中对中国科学技术事业做出重要贡献的外国科学家、工程技术人员、科技管理人员和科学技术研究、开发、管理等组织。

"两弹一星"元勋名单：

王淦昌	邓稼先	赵九章	姚桐斌	钱　骥	钱三强
郭永怀	钱学森	吴自良	陈芳允	杨嘉墀	彭桓武
朱光亚	黄纬禄	王大珩	屠守锷	陈能宽	程开甲
王希季	孙家栋	任新民	周光召	于　敏	

历年国家最高科学技术奖获得者简介

2000年
吴文俊（1919—2017），世界著名数学家，中国科学院院士。
袁隆平（1930—2021），杂交水稻之父，籼型杂交水稻发明者，中国工程院院士。

2001年
王选（1937—2006），汉字激光照排系统创始人，中国科学院院士、中国工程院院士。

黄昆（1919—2005），物理学家，中国科学院院士。

2002 年

金怡濂（1929— ），高性能计算机领域的著名专家，中国工程院院士。

2003 年

刘东生（1917—2008），地球环境科学家，中国科学院院士。
王永志（1932— ），航天技术专家，中国工程院院士。

2004 年（空缺）

2005 年

叶笃正（1916—2013），气象学家，中国科学院院士。
吴孟超（1922—2021），肝胆外科学家，中国科学院院士。

2006 年

李振声（1931— ），遗传学家，小麦远缘杂交技术的奠基人，中国科学院院士。

2007 年

闵恩泽(1924—2016)，石油化工催化剂专家，中国科学院院士、中国工程院院士。
吴征镒（1916—2013），植物学家，中国科学院院士。

2008 年

王忠诚（1925—2012），神经外科专家，中国工程院院士。

徐光宪（1920—2015），化学家，中国科学院院士。

2009 年
谷超豪（1926—2012），数学家，中国科学院院士。
孙家栋(1929—)，运载火箭与卫星技术专家，中国科学院院士。

2010 年
师昌绪(1918—2014)，金属学及材料科学家，中国科学院院士、中国工程院院士。
王振义（1924—），内科血液学专家，中国工程院院士。

2011 年
吴良镛（1922—），建筑与城市规划学家，中国科学院院士、中国工程院院士。
谢家麟（1920—2016），加速器物理学家，中国科学院院士。

2012 年
郑哲敏（1924—），力学家、爆炸力学专家，中国科学院院士、中国工程院院士。
王小谟（1938—），雷达工程专家，中国工程院院士。

2013 年
张存浩（1928— ），物理化学家，中国科学院院士、第三世界科学院院士。
程开甲（1918—2018），核武器技术专家，中国科学院院士，两弹一星元勋。

2014 年
于敏（1926—2019），核物理学家，氢弹之父，中国科学院院士。

2015 年（空缺）

2016 年
屠呦呦（女，1930—），药学家。
赵忠贤（1941—），物理学家。

2017 年
王泽山（1935—），火炸药专家。
侯云德（1929—），病毒学家。

2018 年
刘永坦（1936—），雷达与信号处理技术专家。
钱七虎（1937—），防护工程学家。

2019 年
黄旭华（1924—），中国第一代核潜艇总设计师。
曾庆存（1935—），气象学家，大气科学家，地球流体力学家。